高等职业教育建筑工程管理专业教学基本要求

高职高专教育土建类专业教学指导委员会
工程管理类专业分指导委员会 编制

中国建筑工业出版社

图书在版编目(CIP)数据

高等职业教育建筑工程管理专业教学基本要求/高职高专教育
土建类专业教学指导委员会工程管理类专业分指导委员会编制.
北京：中国建筑工业出版社，2012.12
ISBN 978-7-112-15033-5

Ⅰ.①高… Ⅱ.①高… Ⅲ.①建筑工程-工程管理-高等
职业教育-教学参考资料 Ⅳ.①TU71

中国版本图书馆CIP数据核字（2013）第008650号

责任编辑：朱首明　刘平平
责任设计：李志立
责任校对：姜小莲　陈晶晶

高等职业教育建筑工程管理专业教学基本要求
高职高专教育土建类专业教学指导委员会
工程管理类专业分指导委员会 编制

*

中国建筑工业出版社出版、发行(北京西郊百万庄)
各地新华书店、建筑书店经销
北京红光制版公司制版
北京同文印刷有限责任公司印刷

*

开本：787×1092毫米　1/16　印张：4　字数：93千字
2013年5月第一版　2013年5月第一次印刷
定价：**14.00**元
ISBN 978-7-112-15033-5
(23139)

土建类专业教学基本要求审定委员会名单

主　任： 吴　泽

副主任： 王凤君　袁洪志　徐建平　胡兴福

委　员： （按姓氏笔画排序）

丁夏君　马松雯　王　强　危道军　刘春泽

李　辉　张朝晖　陈锡宝　武　敬　范柳先

季　翔　周兴元　赵　研　贺俊杰　夏清东

高文安　黄兆康　黄春波　银　花　蒋志良

谢社初　裴　杭

出　版　说　明

　　近年来，土建类高等职业教育迅猛发展。至 2011 年，开办土建类专业的院校达 1130 所，在校生近 95 万人。但是，各院校的土建类专业发展极不平衡，办学条件和办学质量参差不齐，有的院校开办土建类专业，主要是为满足行业企业粗放式发展所带来的巨大人才需求，而不是经过办学方的长远规划、科学论证和科学决策产生的自然结果。部分院校的人才培养质量难以让行业企业满意。这对土建类专业本身的和土建类专业人才的可持续发展，以及服务于行业企业的技术更新和产业升级带来了极大的不利影响。

　　正是基于上述原因，高职高专教育土建类专业教学指导委员会（以下简称"土建教指委"）遵从"研究、指导、咨询、服务"的工作方针，始终将专业教育标准建设作为一项核心工作来抓。2010 年启动了新一轮专业教育标准的研制，名称定为"专业教学基本要求"。在教育部、住房和城乡建设部的领导下，在土建教指委的统一组织和指导下，由各分指导委员会组织全国不同区域的相关高等职业院校专业带头人和骨干教师分批进行专业教学基本要求的开发。其工作目标是，到 2013 年底，完成《普通高等学校高职高专教育指导性专业目录（试行）》所列 27 个专业的教学基本要求编制，并陆续开发部分目录外专业的教学基本要求。在百余所高等职业院校和近百家相关企业进行了专业人才培养现状和企业人才需求的调研基础上，历经多次专题研讨修改，截至 2012 年 12 月，完成了第一批 11 个专业教学基本要求的研制工作。

　　专业教学基本要求集中体现了土建教指委对本轮专业教育标准的改革思想，主要体现在两个方面：

　　第一，为了给各院校留出更大的空间，倡导各学校根据自身条件和特色构建校本化的课程体系，各专业教学基本要求只明确了各专业教学内容体系（包括知识体系和技能体系），不再以课程形式提出知识和技能要求，但倡导工学结合、理实一体的课程模式，同时实践教学也应形成由基础训练、综合训练、顶岗实习构成的完整体系。知识体系分为知识领域、知识单元和知识点三个层次。知识单元又分为核心知识单元和选修知识单元。核心知识单元提供的是知识体系的最小集合，是该专业教学中必要的最基本的知识单元；选修知识单元是指不在核心知识单元内的那些知识单元。核心知识单元的选择是最基本的共性的教学要求，选修知识单元的选择体现各校的不同特色。同样，技能体系分为技能领域、技能单元和技能点三个层次组成。技能单元又分为核心技能单元和选修技能单元。核心技能单元是该专业教学中必要的最基本的技能单元；选修技能单元是指不在核心技能单元内的那些技能单元。核心技能单元的选择是最基本的共性的教学要求，选修技能单元的选择体现各校的不同特色。但是，考虑到部分院校的实际教学需求，专业教学基本要求在附录 1《专业教学基本要求实施示例》中给出了课程体系组合示例，可供有关院校参考。

第二，明确提出了各专业校内实训及校内实训基地建设的具体要求（见附录 2），包括：实训项目及其能力目标、实训内容、实训方式、评价方式，校内实训的设备（设施）配置标准和运行管理要求，实训师资的数量和结构要求等。实训项目分为基本实训项目、选择实训项目和拓展实训项目三种类型。基本实训项目是与专业培养目标联系紧密，各院校必须开设，且必须在校内完成的职业能力训练项目；选择实训项目是与专业培养目标联系紧密，各院校必须开设，但可以在校内或校外完成的职业能力训练项目；拓展实训项目是与专业培养目标相联系，体现专业发展特色，可根据各院校实际需要开设的职业能力训练项目。

受土建教指委委托，中国建筑工业出版社负责土建类各专业教学基本要求的出版发行。

土建类各专业教学基本要求是土建教指委委员和参与这项工作的教师集体智慧的结晶，谨此表示衷心的感谢。

高职高专教育土建类专业教学指导委员会

2012 年 12 月

前　　言

　　《高等职业教育建筑工程管理专业教学基本要求》是根据教育部《关于委托各专业类教学指导委员会制（修）定"高等职业教育专业教学基本要求"的通知》（教职成司函【2011】158号）和住房和城乡建设部的有关要求，在高职高专教育土建类专业教学指导委员会的领导下，由工程管理类专业分指导委员会组织编制完成。

　　本教学基本要求编制过程中，编制组经过广泛调查研究，吸收了国内外高等职业院校在工程管理专业建设方面的成功经验，经过广泛征求意见和多次修改的基础上，最后经审查定稿。本要求是高等职业教育建筑工程管理专业建设的指导性文件。

　　本教学基本要求主要内容是：专业名称、专业代码、招生对象、学制与学历、就业面向、培养目标与规格、职业证书、教育内容及标准、专业办学基本条件和教学建议、继续学习深造建议；包括两个附录："建筑工程管理专业教学基本要求实施示例"和"建筑工程管理专业校内实训及校内实训基地建设导则"。

　　本教学基本要求适用于以普通高中毕业生为招生对象、三年学制的建筑工程管理专业，教育内容包括知识体系和技能体系，倡导各院校根据自身条件和特色构建校本化的课程体系，课程体系应覆盖本专业教学基本要求知识体系的核心知识单元和技能体系的核心技能单元；倡导工学结合、理实一体的课程模式。

　　本教学基本要求由高职高专教育土建类专业教学指导委员会负责管理，由高职高专教育土建类专业教学指导委员会工程管理专业分指导委员会负责日常管理，由广西建设职业技术学院负责具体教学基本要求条文的解释。

　　主　编　单　位：广西建设职业技术学院

　　参　编　单　位：四川建筑职业技术学院、山西建筑职业技术学院

　　主要执笔人员：蒋孙春　文桂萍　王丽椿　周慧玲　卢永松　谢　华　陈玲燕
　　　　　　　　　周孔标　李向民　曾秋宁　覃芳

　　主要审查人员：李　辉　黄兆康　夏清东　袁建新　田恒久　刘　阳　刘建军
　　　　　　　　　张秀萍　李永光　李洪军　李英俊　陈润生　胡六星　郭起剑
　　　　　　　　　王艳萍等

　　专业指导委员会衷心地希望，全国各有关高职院校能够在本文件的指导下，进行积极地探索和深入地研究，为不断完善工程管理类专业的建设与发展做出自己的贡献。

高职高专教育土建类专业教学指导委员会

工程管理类专业分指导委员会主任　李辉

目　　录

高等职业教育建筑工程管理专业
教学基本要求

1 专业名称

建筑工程管理

2 专业代码

560501

3 招生对象

普通高中毕业生

4 学制与学历

三年制，专科

5 就业面向

5.1 就业职业领域

建筑施工企业、工程管理咨询企业、建设单位、建设行政主管部门等建筑企事业单位。

5.2 初始就业岗位群

主要岗位项目管理员（中小型项目经理助理），相近就业岗位群有：资料员、施工员、造价员、合同管理员、招（投）标员等。

5.3 发展或晋升岗位群

本专业毕业生可以在毕业后通过监理培训和考试合格取得监理员上岗证，从事建筑工程施工监理工作；毕业 2 年后可以通过国家二级建造师考试获得二级建造师执业资格，通过注册从事相关建造师工作；本专业毕业生也可以经过将来更长时间的工程实践和努力获取一级建造师、造价工程师和监理工程师等更高层次的执业资格。

6 培养目标与规格

6.1 培养目标

本专业培养德、智、体、美全面发展，能够适应现代化建设需要，以工程项目管理为主线，熟练掌握建筑施工技术和建筑工程经济等基本专业知识，具备施工管理技能，能在国内外工程建设领域从事项目施工管理工作的高级技术技能人才。

6.2 人才培养规格

1. 基本素质

思想素质：拥护中国共产党的领导和基本路线，以毛泽东思想、邓小平理论、"三个代表"重要思想为指导思想，具有科学的世界观、人生观、价值观，良好的职业道德。

身体素质：具有健康的体魄，能够适应工作岗位的体能要求；具有良好的心理素质和乐观向上的人生态度。

文化素质：具有必要的人文社会科学知识、必要的科学文化基本知识、良好的语言表达能力和沟通能力；具有一定的外语表达能力、熟练的计算机应用能力和必要的法律知识应用能力，有一定的创新精神和创业能力。

专业素质：具备扎实的建筑工程识图能力，能利用建筑施工技术和管理方面的专业知识指导现场施工管理工作，能利用工程合同文件进行合同管理、索赔管理。

2. 知识要求

(1) 文化基础知识与能力

文化知识：掌握建筑应用文写作知识；掌握计算机办公软件；熟悉一门外国语。

文化能力：能撰写建筑工程方面的日常应用文；能熟练地利用办公软件对文字进行编辑和处理；会借助字典查阅本专业外文资料。

(2) 专业知识与能力

1) 建筑施工管理专业知识与能力

专业知识：经过本专业课程的系统学习，掌握建筑工程项目的质量管理、进度管理、成本管理、安全管理等相关施工管理基本知识；熟悉建筑施工管理的基本原理。

专业能力：能编制小型建筑工程项目的施工方案，能按照施工技术方案和设计图纸合理配置劳动要素和安排现场施工工作。具备建筑工程项目管理岗位所要求的施工管理能力、专业技术能力。

2）建筑施工技术专业知识与能力

专业知识：掌握多层和高层建筑工程各分部分项工程的施工流程和施工技术；熟悉常用建筑与装饰工程材料的物理和力学性能、质量标准、检验方法、储备保管、适用范围等方面的知识。

专业能力：能熟练地识读建筑施工图、结构施工图和有关图集；能熟练地对建筑工程的各种构件进行测量放线，能进行混凝土施工配合比换算和钢筋下料；能熟练使用相关技术规程、验收规范，指导或检查现场施工工作。

3）建筑与装饰工程计量与计价专业知识与能力

专业知识：掌握建筑工程定额的原理和应用方法；掌握建筑工程预算和结算的编制程序和方法；掌握建筑工程工程量清单的理论和方法；熟悉建筑工程算量软件的应用方法；熟悉工程造价控制的基本方法。

专业能力：能熟练使用预算定额，编制建筑工程预算；能熟练应用工程量清单计价规范和企业定额编制工程量清单报价；熟悉建筑工程算量软件的应用，会用计算机编制施工图预算、进行工程量清单报价。

4）工程招投标与合同管理方面专业知识与能力

专业知识：掌握建设工程招标投标与合同管理方面的专业知识；熟悉建设工程招投标及合同等相关法律法规。

专业能力：能够利用招标投标方面的规范文本编制招标文件或投标文件，能够应用合同管理方面的专业知识对合同文件进行分析和管理。

3．职业态度

具有良好的职业道德和诚信品质、较强的团队协作精神和实干创新精神，能吃苦耐劳、勤奋好学。

7 职业证书

本专业毕业生可通过相关岗位考试获得项目管理员、资料员、施工员、造价员等建筑业企业相关关键岗位上岗证书。

8 教育内容及标准

8.1 专业教育内容体系框架

专业教育内容体系框架

表1

序号	职业岗位	职业核心能力	专业教育内容体系			拓展教育内容
			普通教育内容	专业教育内容		
				专业基础理论	专业实践训练	
1	项目管理员	建筑施工管理技能	1. 思想道德修养与法律基础 2. 毛泽东思想与中国特色社会主义理论体系 3. 形势与政策 4. 国防教育与军事训练 5. 英语 6. 体育 7. 高等数学	1. 建筑施工管理知识领域 2. 建筑施工技术知识领域 3. 建筑工程质量验收与资料管理知识领域 4. 建筑与装饰工程计量与计价及软件应用知识领域 5. 工程招投标与合同管理知识领域	建筑工程施工方案编制实训	1. 工程经济 2. 建设工程法规及相关知识 3. 建筑企业财务管理
2	资料员	建筑工程资料管理技能		1. 建筑施工技术知识领域 2. 建筑工程质量验收与资料管理知识领域	建筑工程资料编制实训	
3	施工员	建筑施工技能		1. 建筑施工技术知识领域 2. 建筑工程质量验收与资料管理知识领域	1. 建筑施工图识读与绘制实训 2. 混凝土结构施工图识读与大样绘制实训 3. 钢筋下料及混凝土配料实训 4. 建筑施工测量实训	
4	造价员	建筑与装饰工程计量与计价及软件应用技能		1. 建筑与装饰工程计量与计价及软件应用知识领域 2. 工程招投标与合同管理知识领域 3. 建筑施工技术知识领域	建筑与装饰工程计量与计价实训	
5	合同管理员	合同管理技能		1. 工程招投标与合同管理知识领域 2. 建筑与装饰工程计量与计价及软件应用知识领域 3. 建筑施工技术知识领域	工程招投标与合同订立实训	
6	招（投）标员	招（投）标技能				

8.2 专业教学内容及标准

1. 专业知识、技能体系一览

建筑工程管理专业知识体系一览

表 2

知识领域	知识单元		知识点
1. 建筑施工技术知识领域	核心知识单元	（1）建筑识图与房屋构造	1）制图的基本知识 2）投影的基本知识 3）剖面图与断面图的画法 4）建筑施工图概述 5）建筑总平面图识读方法 6）建筑平面图识读方法 7）建筑立面图识读方法 8）建筑剖面图识读方法 9）建筑详图识读方法
		（2）建筑结构识图	1）钢筋混凝土结构施工图通用构造 2）柱、墙、梁、板、基础、楼梯平法施工图的制图规则和构造要求 3）常用结构构件的钢筋翻样与计算
		（3）工程测量	1）测量的基础知识 2）高程测量、角度测量和距离测量的基本知识 3）坐标测量与计算的基本知识 4）施工放样与计算的基本知识 5）建筑施工测量的基本知识
		（4）建筑施工技术	1）土石方工程的施工要求和施工方法 2）地基处理的基本要求、常用方法和施工方法 3）浅基础工程和深基础的种类、施工工艺和技术要求 4）混凝土结构工程施工的施工工艺和技术要求 5）砌体结构工程施工的施工工艺和技术要求 6）防水工程施工的施工工艺和技术要求 7）装饰工程施工的施工工艺和技术要求 8）季节性安全施工的技术要求和方法
	选修知识单元	（1）建筑结构	1）钢筋混凝土结构的基本知识 2）钢筋混凝土基本构件的受力特点、破坏形态和构造要求 3）钢筋混凝土梁板结构的类型、受力特点、计算简图和构造要求 4）多层及高层钢筋混凝土房屋结构的常用结构体系、受力特点和构造要求 5）砌体结构的材料、种类、强度指标和一般构造要求
		（2）土力学与工程基础	1）土力学基本知识 2）建筑场地的工程地质勘察 3）常用基础的设计要点和构造要求 4）常用地基处理方法 5）区域性地基处理方法
2. 建筑与装饰工程计量与计价及软件应用知识领域	核心知识单元	（1）工程定额原理	1）工程计价基础知识 2）工程定额相关知识 3）人工、材料、机械台班消耗量的确定 4）人工、材料、机械台班单价的计算方法 5）概算定额、概算指标和投资估算指标
		（2）建设工程费用组成	1）工程造价费用构成 2）建筑安装工程费用构成与计价程序 3）设备、工器具购置费 4）工程建设其他费用
		（3）定额计价法计量与计价	1）工程量计算相关知识 2）建筑面积的计算 3）建筑工程工程量计算 4）装饰装修工程工程量计算 5）定额取费 6）工料机分析

知识领域	知识单元		知识点
2. 建筑与装饰工程计量与计价及软件应用知识领域	核心知识单元	（4）工程量清单计价法计量与计价	1）工程量清单计价基本知识 2）工程量清单编制 3）工程量清单计价 4）工程量清单计价结算 5）竣工决算与保修费用
		（5）工程计价软件应用	1）工程计价软件概述 2）计价软件应用操作流程 3）应用计价软件完成定额计价法造价文件编制 4）应用计价软件完成工程量清单计价法造价文件编制 5）应用计价软件进行工程量列式计算方法
	选修知识单元	（1）图形算量软件	1）工程设置 2）绘图输入 3）表格输入 4）图形工程量的预览和打印 5）CAD图形的导图
		（2）钢筋算量软件	1）工程设置 2）采用绘图方法定义和绘制各结构构件 3）单构件输入 4）钢筋工程量的预览和打印
3. 建筑工程质量验收与资料管理知识领域	核心知识单元	建筑工程质量验收	1）建筑工程施工质量验收的基础知识 2）建筑工程地基基础分部工程的施工质量验收 3）建筑工程主体结构分部工程的施工质量验收 4）建筑工程屋面分部工程的施工质量验收 5）建筑装饰装修分部工程的施工质量验收 6）单位工程安全和功能检验以及观感质量的检查验收
	选修知识单元	建筑工程资料管理软件应用知识	1）运用资料软件编制建筑工程施工质量验收文件 2）运用资料软件编制建筑工程施工质量支持文件 3）运用资料软件编制住宅分户验收文件 4）运用资料软件编制建筑工程监理文件
4. 工程招投标与合同管理知识领域	核心知识单元	（1）建设工程招标	1）建设工程招标相关知识 2）建设工程招标范围及规模标准 3）建设工程招标条件 4）建设工程招标方式 5）建设工程招标程序 6）建设工程招标文件与资格预审文件的编制方法
		（2）建设工程投标	1）建设工程投标相关知识 2）建设工程投标程序 3）建设工程投标技巧 4）建设工程投标文件与资格预审申请文件的编制方法
		（3）建设工程合同订立	1）合同的相关法律法规知识 2）工程承发包模式及合同类型 3）建设工程合同内容组成 4）建设工程合同风险
	选修知识单元	（1）合同履约管理	1）建设工程施工合同的管理
		（2）建设工程施工索赔	1）建设工程施工索赔

知识领域	知识单元		知 识 点
5. 建筑施工管理知识领域	核心知识单元	建筑工程项目管理	1) 建筑工程项目施工管理基本知识 2) 建筑工程项目施工管理的目标和组织 3) 建筑工程项目范围管理 4) 建筑工程项目风险管理 5) 建筑工程项目施工成本控制 6) 建筑工程项目施工进度控制 7) 建筑工程项目施工质量控制
	选修知识单元	（1）建筑工程安全管理与文明施工	1) 临时设施设置要求 2) 现场土建施工安全标识和安全设施的设置和管理要求
		（2）建设工程监理	1) 建筑工程质量控制、进度控制和投资控制 2) 建筑工程安全管理、合同管理

建筑工程管理专业技能体系一览　　　　　　　　　　　　表3

技能领域	技能单元		技 能 点
1. 建筑施工技术技能领域	核心技能单元	（1）建筑施工图识读与绘制技能	1) 建筑平面图识读与绘制 2) 建筑立面图识读与绘制 3) 建筑剖面图识读与绘制 4) 建筑详图识读与绘制
		（2）混凝土结构施工图识读与大样绘制技能	1) 结构施工图的构成，结构施工图的识读步骤 2) 基础施工图的识读与大样绘制 3) 柱平法施工图识读与大样绘制 4) 墙平法施工图识读与大样绘制 5) 梁平法施工图识读与大样绘制 6) 板平法施工图识读与大样绘制 7) 楼梯施工图识读与大样绘制
		（3）建筑施工测量技能	1) 水准仪使用与高程测量 2) 经纬仪使用与角度测量 3) 钢尺使用与距离测量 4) 全站仪使用与坐标测量 5) 施工测量的基本方法 6) 建筑施工测量
		（4）钢筋下料及混凝土配料技能	1) 利用结构施工图计算混凝土构件钢筋的下料长度并加工 2) 钢筋安装施工质量检查 3) 将混凝土实验室配合比换算成施工配合比并拌制混凝土
	选修技能单元	（1）建筑材料检测技能	1) 检测水泥、混凝土和钢筋强度 2) 砂石筛分试验
		（2）一般基坑支护施工技能	1) 重力式挡墙施工技能 2) 土钉墙支护施工技能

技能领域	技能单元		技 能 点
2. 建筑与装饰工程计量与计价及软件应用技能领域	核心技能单元	建筑与装饰工程计量与计价及计价软件应用技能	1) 工程量计算，工程量清单编制 2) 套用定额子目 3) 费用计算，工程招标控制价编制 4) 造价量与对价的方法与技巧 5) 应用工程计价软件完成定额计价法计价、工程量清单计价、工料机分析
	选修技能单元	建筑工程算量软件应用技能	1) 应用钢筋算量软件进行工程绘图和钢筋工程量计算 2) 应用图形算量软件进行工程绘图和工程量计算
3. 建筑工程质量验收与资料管理技能领域	核心技能单元	建筑工程资料管理技能	1) 编制建筑工程管理资料的方法 2) 编制建筑工程技术资料的方法 3) 编制建筑工程施工质量验收资料的方法 4) 归档整理建筑工程资料的方法
	选修技能单元	(1) 建筑工程质量验收技能	1) 常见的地基、基础、土石方及基坑支护工程施工质量的检查验收 2) 混凝土结构工程施工质量的检查验收 3) 屋面工程施工质量的检查验收 4) 抹灰、门窗、吊顶、饰面板（砖）、涂饰工程，以及轻质隔墙、幕墙工程施工质量的检查验收 5) 单位工程安全和功能检验以及观感质量的检查验收
		(2) 建筑工程资料管理软件应用技能	1) 应用资料管理软件完成建筑工程施工全过程的质量验收文件资料 2) 应用资料管理软件完成支持文件资料 3) 应用资料管理软件完成住宅分户验收资料 4) 应用资料管理软件完成监理资料
4. 工程招投标与合同管理技能领域	核心技能单元	(1) 建设工程招标技能	1) 编写与发布招标公告 2) 编制招标文件和资格预审文件 3) 根据招标程序进行招标
		(2) 建设工程投标技能	1) 编制、封装投标文件 2) 根据投标程序进行投标
		(3) 建设工程合同订立技能	1) 拟定合同条款 2) 进行合同谈判和签订合同
	选修技能单元	(1) 合同变更管理技能	1) 进行合同变更管理 2) 进行签证管理
		(2) 施工索赔管理技能	1) 编制索赔报告并提交索赔报告 2) 进行索赔谈判
5. 建筑施工管理技能领域	核心技能单元	建筑工程施工方案编制技能	1) 单位工程施工方案的选择和确定 2) 单位工程施工进度计划的确定和编制 3) 单位工程施工总平面图的编制
	选修技能单元	建筑工程安全管理与文明施工技能	1) 按文明施工要求设置现场临时设施并现场管理 2) 能利用安全施工标准管理现场施工

2. 核心知识单元、技能单元教学要求

建筑识图与房屋构造知识单元教学要求 表 4

单元名称	建筑识图与房屋构造	最低学时	64 学时
教学目标	1. 掌握投影的基本知识与识读建筑施工图的基本方法。 2. 熟悉绘图工具和仪器，并能绘制出符合国家制图标准的图纸。 3. 了解工业厂房建筑施工图的识读方法。		
教学内容	1. 制图的基本知识知识点 制图标准、基本技能方法和训练 2. 投影的基本知识知识点 点、直线、平面及立体的投影 3. 剖面图与断面图知识点 剖面图与断面图的画法、分类 4. 建筑施工图概述知识点 建筑施工图的内容、用途、图示方法及阅读步骤 5. 建筑总平面图识读方法知识点 建筑总平面图的形成、内容、用途、图示方法及阅读步骤 6. 建筑平面图识读方法知识点 建筑平面图的形成、内容、用途、图示方法及阅读步骤 7. 建筑立面图识读方法知识点 建筑立面图的形成、内容、用途、图示方法及阅读步骤 8. 建筑剖面图识读方法知识点 建筑剖面图的形成、内容、用途、图示方法及阅读步骤 9. 建筑详图识读方法知识点 建筑详图的内容、作用及数量的选择		
教学方法建议	建议采用案例教学法、情境教学法、现场教学等方法。		
考核评价要求	本专业知识单元的考核评价可参考以下内容综合评定： 1. 根据平时成绩和考试（考查）成绩综合评定 2. 实训完后，学生自身评价 3. 实训完后，教师对学生的实训成果考核评价 4. 校外基地实训指导人员对学生的评价 5. 实训内容的完善性、可行性评价		

建筑结构识图知识单元教学要求

表 5

单元名称	建筑结构识图	最低学时	64 学时
教学目标	1. 熟悉钢筋混凝土结构施工图通用构造 2. 掌握柱、墙、梁、板平法施工图的识读 3. 熟悉基础平法施工的识读 4. 了解楼梯平法施工图的识读		
教学内容	1. 钢筋混凝土结构施工图通用构造知识点 混凝土结构的环境类别、保护层厚度、受拉钢筋的锚固和连接、箍筋和拉筋的构造、梁纵筋间距、钢筋的下料长度计算 2. 柱平法施工图知识点 柱平法施工图的制图规则、抗震框架柱的构造、梁上柱和墙上柱的构造 3. 墙平法施工图知识点 剪力墙平法施工图的制图规则、边缘构件的构造、墙身的构造、墙梁的构造 4. 梁平法施工图知识点 梁平法施工图的制图规则、抗震框架梁的构造、非框架梁的构造、悬挑梁的构造、井字梁的构造 5. 板平法施工图知识点 板平法施工图的制图规则、有梁楼盖板的构造、悬挑板的构造、后浇带的构造 6. 基础平法施工图知识点 独立基础、条形基础、筏形基础和桩基承台的制图规则与构造 7. 楼梯平法施工图知识点 板式楼梯的制图规则与构造		
教学方法建议	建议采用案例教学法、现场教学等方法。		
考核评价要求	本专业知识单元的考核评价可参考以下内容综合评定： 一、根据平时成绩和考试（考查）成绩综合评定； 二、课程结束后采取集中周实训，根据实训效果对课程进行评价： 1. 实训完后，学生自身评价； 2. 实训完后，教师对学生的实训成果考核评价； 3. 实训内容的完善性、可行性评价。		

单元名称	工程测量	最低学时	64 学时
教学目标	1. 掌握测量的基础知识，掌握高程测量、角度测量和距离测量的基本原理和方法，掌握坐标测量和施工放样的基本方法。 2. 熟悉坐标计算和施工放样计算，熟悉民用多层及高层建筑施工测量的基本过程与方法。 3. 了解工业建筑和其他建筑施工测量的基本过程与方法		
教学内容	1. 测量基础知识点 测量的基准面和基准线、平面坐标系统和高程系统、测量的基本程序与原则 2. 高程测量、角度测量和距离测量知识点 水准测量原理与方法、水平角测量原理与方法、垂直角测量原理与方法、水平距离测量原理与方法、三角高程测量原理与方法 3. 坐标测量与计算知识点 方位角的概念及计算、坐标正算、坐标反算、坐标测量的仪器和方法 4. 施工放样与计算知识点 施工放样的基本原则与要求，高程放样、角度放样和距离放样的基本方法及有关计算，坐标点位放样的基本方法及有关计算 5. 建筑施工测量知识点 民用多层建筑与高层建筑在场地平整、基础施工、主体施工和竣工验收等阶段中的测量内容与方法，工业建筑和其他建筑的施工测量过程与方法		
教学方法建议	建议采用项目导向法教学、现场教学等方法		
考核评价要求	本专业知识单元的考核评价可参考以下内容综合评定 1. 根据平时成绩和考试（考查）成绩综合评定 2. 实训完后，学生自身评价 3. 实训完后，教师对学生的实训成果考核评价 4. 校外基地实训指导人员对学生的评价 5. 实训内容的完善性、可行性评价		

单元名称	建筑施工技术	最低学时	80 学时
教学目标	1. 掌握建筑工程的地基与基础工程、钢筋混凝土结构工程、砌体结构工程、屋面工程和装饰装修工程的施工技术 2. 熟悉地基处理、基坑支护、钢结构工程的施工技术以及冬雨季施工的安全技术 3. 了解装配式工业厂房的施工技术		
教学内容	1. 土石方工程知识点 岩土的工程分类和性质、土石方工程的施工要求、基坑开挖与支护方法 2. 地基处理知识点 常见的地基处理方法、基本要求和施工方法 3. 浅基础工程和深基础工程知识点 扩展基础的施工工艺和技术要求、筏板基础的施工工艺和技术要求、预制桩基础施工工艺和技术要求、灌注桩的种类和施工工艺 4. 混凝土结构工程施工的施工工艺和技术要求知识点 模板工程、钢筋工程、混凝土工程的施工工艺和技术要求 5. 砌体结构工程知识点 砖砌体工程、混凝土小型空心砌块砌体工程、石砌体工程和填充墙砌体工程的施工工艺和技术要求 6. 防水工程施工的施工工艺和技术要求知识点 屋面卷材防水、屋面涂膜防水、屋面刚性防水、卫生间防水、地下工程防水的施工工艺和技术要求 7. 装饰工程施工知识点 一般抹灰、饰面砖、楼地面板块面层、门窗安装工程、天然石材的湿贴和干挂、轻钢龙骨吊顶和隔墙、外墙外保温的施工工艺和技术要求 8. 季节性安全施工知识点 季节性土方工程、砌筑工程、混凝土结构工程、装饰工程、屋面工程的季节性安全施工术要求		
教学方法建议	建议采用项目导向法教学、现场教学等方法		
考核评价要求	本专业知识单元的考核评价可参考以下内容综合评定 1. 根据平时成绩和考试（考查）成绩综合评定 2. 实训完后，学生自身评价 3. 实训完后，教师对学生的实训成果考核评价 4. 校外基地实训指导人员对学生的评价 5. 实训内容的完善性、可行性评价		

	工程定额原理知识单元教学要求		表 8
单元名称	工程定额原理	最低学时	12 学时
教学目标	1. 掌握建设项目的划分 2. 掌握人工、材料、机械台班消耗量的确定 3. 掌握人工、材料、机械台班单价的组成及计算方法 4. 熟悉定额分类与作用 5. 了解概算定额、概算指标和投资估算指标		
教学内容	1. 工程计价基础知识点 基本建设的相关概念、工程造价基本概念、工程计价基本原理与方法、消耗量的概念 2. 工程定额相关知识点 工程定额概述、工程定额的产生与发展、工程定额的分类与作用、企业定额 3. 人工、材料、机械台班消耗量的确定知识点 人工消耗量的确定、材料消耗量的确定、机械台班消耗量的确定 4. 人工、材料、机械台班单价的计算方法知识点 人工单价的组成及计算方法、材料单价的组成及计算方法、机械台班单价的组成及计算方法 5. 概算定额、概算指标和投资估算指标知识点 概算定额、概算指标、投资估算指标		
教学方法建议	建议采用案例教学、分组教学、角色转换等方法		
考核评价要求	本专业知识单元的考核评价可参考以下内容综合评定 1. 根据平时成绩和考试（考查）成绩综合评定 2. 课程结束后采取集中周实训，根据实训效果对课程进行评价 （1）实训完后，学生自身评价 （2）实训完后，教师对学生的实训成果考核评价 （3）实训内容的完善性、可行性评价		

	建设工程费用组成知识单元教学要求		表 9
单元名称	建设工程费用组成	最低学时	12 学时
教学目标	1. 熟悉工程造价构成 2. 掌握建筑安装工程费用构成与计价程序 3. 熟悉设备、工器具购置费的计算 4. 了解工程建设其他费用		
教学内容	1. 工程造价费用构成知识点 工程造价费用构成概念、建筑工程费、预备费、建设期贷款利息、流动资产投资 2. 建筑安装工程费用构成与计价程序知识点 直接工程费、措施费、企业管理费、利润、其他项目费、规费、税金、工程总造价计价程序、综合单价计价程序 3. 设备、工器具购置费知识点 国内设备购置费的计算、进口设备购置费的计算、工器具购置费的计算 4. 工程建设其他费用知识点 土地使用费、与项目建设有关的其他费用、与未来企业生产经营有关的其他费用		
教学方法建议	建议采用案例教学、分组教学、角色转换等方法		
考核评价要求	本专业知识单元的考核评价可参考以下内容综合评定 1. 根据平时成绩和考试（考查）成绩综合评定 2. 课程结束后采取集中周实训，根据实训效果对课程进行评价 （1）实训完后，学生自身评价 （2）实训完后，教师对学生的实训成果考核评价 （3）实训内容的完善性、可行性评价		

定额计价法计量与计价知识单元教学要求 表 10

单元名称	定额计价法计量与计价	最低学时	60 学时
教学目标	1. 掌握工程量计算方法 2. 掌握建筑面积的计算规则 3. 掌握建筑工程工程量的计算 4. 掌握装饰装修工程工程量的计算 5. 掌握各项不能计算工程量的费用项目的计算 6. 掌握工料机分析		
教学内容	1. 工程量计算相关知识点 工程量计算依据、工程量计算方法 2. 建筑面积的计算知识点 建筑面积的概念、建筑面积的组成、建筑面积计算的意义、建筑面积计算规则 3. 建筑工程工程量计算知识点 土石方工程、桩与地基基础工程、砌筑工程、混凝土及钢筋混凝土工程、厂库房大门特种门木结构工程、金属结构工程、屋面及防水工程、防腐隔热保温工程、脚手架工程、垂直运输工程、模板工程、混凝土运输及泵送工程、建筑物超高增加费、材料二次运输的工程量计算 4. 装饰装修工程工程量计算知识点 楼地面工程、墙柱面工程、天棚（顶棚）工程、门窗工程、油漆涂料裱糊工程、其他工程、脚手架工程、垂直运输工程、建筑物超高增加费、成品保护工程的工程量计算 5. 定额取费知识点 间接费（规费、企业管理费）、利润、税金等费用的计算 6. 工料机分析知识点 工料机分析的概念与作用、人工用量分析、材料用量分析、机械台班用量分析		
教学方法建议	建议采用案例教学、分组教学、角色转换等方法		
考核评价要求	本专业知识单元的考核评价可参考以下内容综合评定 1. 根据平时成绩和考试（考查）成绩综合评定 2. 课程结束后采取集中周实训，根据实训效果对课程进行评价 （1）实训完后，学生自身评价 （2）实训完后，教师对学生的实训成果考核评价 （3）实训内容的完善性、可行性评价		

工程量清单计价法计量与计价知识单元教学要求 表 11

单元名称	工程量清单计价法计量与计价	最低学时	50 学时
教学目标	1. 掌握工程量清单计价强制性条款规定 2. 掌握工程量清单编制 3. 掌握工程量清单计价 4. 掌握工程量清单计价结算 5. 熟悉建设项目竣工决算、工程质量保修金的处理		
教学内容	1. 工程量清单计价基本知识点 《建设工程工程量清单计价规范》概述、工程量清单计价模式概述、清单计价与定额计价的区别 2. 工程量清单编制知识点 建筑工程工程量清单编制、装饰装修工程工程量清单编制、措施项目清单编制、其他项目清单编制、规费项目清单编制、税金项目清单编制 3. 工程量清单计价知识点 建筑工程工程量清单计价、装饰装修工程工程量清单计价、措施项目清单计价、其他项目清单计价、规费项目清单计价、税金项目清单计价、主要材料价格表编制、综合单价分析表编制 4. 工程量清单计价结算知识点 设计变更计价结算、人材机价格变动计价结算、签证与索赔计价结算、合同外增加工程量计价结算、工程价款结算 5. 竣工决算与保修费用知识点 建设项目竣工决算、工程质量保修金的处理		
教学方法建议	建议采用案例教学、分组教学、角色转换等方法		
考核评价要求	本专业知识单元的考核评价可参考以下内容综合评定 1. 根据平时成绩和考试（考查）成绩综合评定 2. 课程结束后采取集中周实训，根据实训效果对课程进行评价 （1）实训完后，学生自身评价 （2）实训完后，教师对学生的实训成果考核评价 （3）实训内容的完善性、可行性评价		

单元名称	工程计价软件应用	最低学时	36 学时
教学目标	1. 了解工程计价软件的发展 2. 掌握计价软件应用的操作流程 3. 掌握应用计价软件完成定额计价法造价文件的编制 4. 掌握应用计价软件完成工程量清单计价法造价文件的编制 5. 掌握应用计价软件进行工程量列式的计算		
教学内容	1. 工程计价软件概述知识点 工程计价软件的产生与发展 2. 计价软件应用操作流程知识点 新建工程、软件基本操作功能、软件应用技巧 3. 应用计价软件完成定额计价法造价文件编制知识点 定额编码输入、换算操作、工程量输入、费率取定操作、主要材料价格输入、打印输出 4. 应用计价软件完成工程量清单计价法造价文件编制知识点 清单编码的输入、项目名称的输入、项目描述的输入、单位的输入、工程量的输入、费率取定操作、主要材料价格输入、打印输出 5. 应用计价软件进行工程量列式计算方法知识点 建筑工程工程量、装饰装修工程工程量、技术措施项目工程量、钢筋工程工程量的列式与计算		
教学方法建议	建议采用案例教学、分组教学、角色转换等方法		
考核评价要求	本专业知识单元的考核评价可参考以下内容综合评定 1. 根据平时成绩和考试（考查）成绩综合评定 2. 课程结束后采取集中周实训，根据实训效果对课程进行评价 （1）实训完后，学生自身评价 （2）实训完后，教师对学生的实训成果考核评价 （3）实训内容的完善性、可行性评价		

单元名称	建筑工程质量验收	最低学时	64 学时
教学目标	1. 掌握建筑工程施工质量验收单元划分原则及其验收合格标准 2. 掌握建筑工程施工质量验收资料的编制 3. 掌握建筑工程管理资料的编制 4. 掌握建筑工程施工单位技术资料的编制 5. 熟悉建筑工程质量验收程序和组织 6. 熟悉建筑工程监理单位技术资料的编制 7. 熟悉建筑工程质量验收资料的整理、组卷和归档工作 8. 了解建筑工程建设单位、勘察设计单位和检测单位技术资料的编制		
教学内容	1. 建筑工程施工质量验收的基础知识点 施工质量验收统一标准及各专业验收规范、建筑工程施工质量验收的基本规定、建筑工程质量验收单元的划分、建筑工程质量验收程序和组织 2. 建筑工程地基基础分部工程的施工质量验收知识点 地基验槽、浅基础、桩基础、土方工程、基坑工程的施工质量验收 3. 建筑工程主体结构分部工程的施工质量验收知识点 混凝土结构、砌体结构的施工质量验收 4. 建筑工程屋面分部工程的施工质量验收知识点 卷材防水屋面、涂膜防水屋面、刚性防水屋面、隔热屋面、细部构造工程的施工质量验收 5. 建筑装饰装修分部工程的施工质量验收知识点 抹灰工程、门窗工程、吊顶工程、饰面板（砖）工程、涂饰工程、细部工程的施工质量验收 6. 单位工程安全和功能检验以及观感质量的检查验收知识点 质量控制资料的收集和核查、安全和功能检验资料核查及主要功能抽查、观感质量检查、单位工程验收备案资料的收集整理		
教学方法建议	建议采用案例法教学、现场教学等方法		
考核评价要求	本专业知识单元的考核评价可参考以下内容综合评定 1. 根据平时成绩和考试（考查）成绩综合评定 2. 课程结束后采取集中周实训，根据实训效果对课程进行评价 （1）实训完后，学生自身评价 （2）实训完后，教师对学生的实训成果考核评价 （3）实训内容的完善性、可行性评价		

	建设工程招标知识单元教学要求		表 14
单元名称	建设工程招标	最低学时	24 学时
教学目标	1. 掌握建设工程招标的知识方法 2. 熟悉建设工程招标的相关知识		
教学内容	1. 建设工程招标相关知识点 工程承发包、建筑市场、建设工程招标主体及相关法律规定 2. 建设工程招标范围及规模标准知识点 必须招标的范围、必须招标的规模标准 3. 建设工程招标条件知识点 建设工程招标基本条件、建设工程施工招标条件、可以不进行施工招标的条件 4. 建设工程招标方式知识点 公开招标、邀请招标、采用邀请招标的条件 5. 建设工程招标程序、方法及相关法律规定知识点 建设工程施工公开招标从审查招标人资质到签订合同的程序、方法及相关法律规定 6. 建设工程招标文件与资格预审文件的编制方法知识点 《标准建设工程施工招标资格预审文件》的组成及编制方法、《标准建设工程施工招标文件》的组成及编制方法		
教学方法建议	建议采用项目导向教学法、案例教学法等		
考核评价要求	本专业知识单元的考核评价可参考以下内容综合评定 1. 第一阶段是基本知识和技能，对学生进行理论考核（笔试），结合平时实操成绩，确定总评成绩 2. 第二阶段是综合实训，根据实训过程的表现、实训成果、团队协作进行综合评价		

	建设工程投标知识单元教学要求		表 15
单元名称	建设工程投标	最低学时	12 学时
教学目标	1. 掌握建设工程投标的知识方法 2. 熟悉建设工程投标的相关知识		
教学内容	1. 建设工程投标相关知识点 建设工程投标主体及相关法律规定 2. 建设工程投标程序、方法及相关法律规定知识点 建设工程施工投标从获取投标信息到提交履约保函、签订合同的程序、方法及相关法律规定 3. 建设工程投标技巧知识点 扩大标价法、不平衡报价法、多方案报价法、突然降价法、先亏后盈法 4. 建设工程投标文件与资格预审申请文件的编制方法知识点 建设工程施工资格预审申请文件内容组成及编制要求、建设工程施工投标文件内容组成及编制要求		
教学方法建议	建议采用项目导向教学法、案例教学法等		
考核评价要求	本专业知识单元的考核评价可参考以下内容综合评定 1. 第一阶段是基本知识和技能，对学生进行理论考核（笔试），结合平时实操成绩，确定总评成绩 2. 第二阶段是综合实训，根据实训过程的表现、实训成果、团队协作进行综合评价		

建设工程合同订立知识单元教学要求 　　表 16

单元名称	建设工程合同订立	最低学时	28 学时
教学目标	1. 掌握建设工程合同订立的方法 2. 熟悉建设工程合同的相关法律法规知识		
教学内容	1. 合同的相关法律法规知识点 《合同法》、《建筑法》、《招标投标法》与合同相关部分的法律法规规定 2. 工程承发包模式及合同类型知识点 项目总承包、施工总承包、分包、独立承包、联合承包的模式;固定价格合同、可调价合同、成本加酬金合同等合同类型 3. 建设工程合同内容组成知识点 《建设工程施工合同(示范文本)》的内容组成 4. 建设工程合同风险知识点 工程技术、经济、法律、业主、外界环境变化、不可抗力、合同条款等方面的风险		
教学方法建议	建议采用项目导向教学法、案例教学法等		
考核评价要求	本专业知识单元的考核评价可参考以下内容综合评定 1. 第一阶段是基本知识和技能,对学生进行理论考核(笔试),结合平时实操成绩,确定总评成绩 2. 第二阶段是综合实训,根据实训过程的表现、实训成果、团队协作进行综合评价		

建筑工程项目管理知识单元教学要求 　　表 17

单元名称	建筑工程项目管理	最低学时	60 学时
教学目标	1. 掌握项目部的组织结构形式、项目部的职能和组建以及它的运作方式 2. 掌握横道图、网络进度计划的编制方法 3. 掌握建筑工程项目各项目标(如质量、进度、成本和安全等)常用的管理方法和措施 4. 熟悉单位工程施工组织设计的组成和编制方法 5. 了解项目总进度计划的组成和编制、了解价值工程和挣值法		
教学内容	1. 建筑工程项目施工管理基本知识点 建筑工程项目的建设程序、建筑工程项目管理的基本内容、建筑工程项目管理的基本类型、建筑工程施工方项目管理的目标和任务 2. 建筑工程项目施工管理的目标和组织知识点 建筑工程项目管理常见的组织结构形式及其适用范围、组织机构的设置原则、施工项目经理部的构建、施工项目经理的责权利、施工项目管理的工作流程 3. 建筑工程项目范围管理知识点 建筑工程项目范围管理的概念、建筑工程项目范围管理的主要内容、建筑工程项目范围管理的过程 4. 建筑工程项目风险管理知识点 建筑工程项目管理风险的类型、建筑工程施工风险管理的任务和方法 5. 建筑工程项目施工成本管理知识点 施工成本管理的任务与措施、施工成本计划的编制、施工成本控制的依据、施工成本控制的步骤、施工成本控制的方法、施工成本分析的方法 6. 建筑工程项目施工进度管理知识点 建筑工程项目总进度计划目标、进度计划控制的任务、进度计划的类型、控制性进度计划的作用、实施性进度计划的作用、进度计划控制的措施 7. 建筑工程项目施工质量管理知识点 施工质量的影响因素、施工质量控制的目标、施工质量控制的基本原理、施工质量的过程控制、施工质量事故的处理程序		
教学方法建议	建议采用项目导向法教学、情境模拟教学、现场教学等方法		
考核评价要求	本专业知识单元的考核评价可参考以下内容综合评定 1. 根据平时成绩和考试(考查)成绩综合评定 2. 课程结束后采取集中周实训,根据实训效果对课程进行评价 (1) 实训完后,学生自身评价 (2) 实训完后,教师对学生的实训成果考核评价 (3) 实训内容的完善性、可行性评价		

17

	建筑施工图识读与绘制技能单元教学要求		表 18

单元名称	建筑施工图识读与绘制	最低学时	30 学时
教学目标	专业能力 1. 具有正确识读建筑平面图、建筑立面图、建筑剖面图和建筑详图的能力 2. 能够正确绘制建筑平面图、建筑立面图、建筑剖面图和建筑详图 方法能力 1. 具有提出问题、分析问题、解决问题的能力 2. 能够运用所学的制图知识和房屋构造知识，掌握识读建筑施工图的方法 3. 掌握绘制建筑施工图的方法 社会能力 1. 具有与工程相关人员进行施工图识读和交流的能力 2. 能够配合工程相关人员完成工程施工任务		
教学内容	1. 常用工具与仪器的使用和维护方法 2. 房屋建筑施工图的种类及图示方法 3. 建筑平面图、建筑立面图、建筑剖面图和建筑详图的识读方法 4. 建筑平面图、建筑立面图、建筑剖面图和建筑详图的绘制步骤与方法		
教学方法建议	教学方法建议采用讲授法、多媒体演示法、现场教学法、示范教学法		
教学场所要求	在校内完成，实训室要求配置建筑施工图、结构施工图及图板、丁字尺、三角板、绘图桌椅		
考核评价要求	以实训考勤、图纸识读考核（答辩）、绘制大图成绩综合评定实训成绩		

	混凝土结构施工图识读与大样绘制技能单元教学要求		表 19

单元名称	混凝土结构施工图识读与大样绘制	最低学时	30 学时
教学目标	专业能力 1. 能够掌握混凝土结构施工图平法的制图规则，具有正确理解和识读常用基础、柱、墙、梁、板、楼梯等结构施工图的能力 2. 能够根据结构施工图进行混凝土构件的大样绘制 方法能力 1. 具有提出问题、分析问题、解决问题的能力 2. 具有应用国家规范、规程和图集解决问题的能力 社会能力 1. 具备组织相关工作人员读懂结构施工图的能力 2. 具有配合和协调工程相关人员和工作流程的能力		
教学内容	1. 结构施工图的构成，结构施工图的识读步骤 2. 常用基础施工图的识读、大样绘制 3. 柱平法施工图的识读、大样绘制 4. 墙平法施工图的识读、大样绘制 5. 梁平法施工图的识读、大样绘制 6. 板平法施工图的识读、大样绘制 7. 楼梯施工图的识读、大样绘制		
教学方法建议	采用项目教学法、任务驱动法、案例分析法等教学方法，并借助校外实训基地进行施工现场教学		
教学场所要求	在校内完成，要求实训室配置建筑施工图、结构施工图以及图板、丁字尺、三角板、绘图桌椅		
考核评价要求	以实训考勤、图纸识读考核（答辩）、构件大样图成绩综合评定实训成绩		

建筑施工测量技能单元教学要求

表 20

单元名称	建筑施工测量	最低学时	30 学时
教学目标	专业能力： 1. 能够正确操作与使用水准仪、经纬仪、钢尺和全站仪，进行高程测量、角度测量、距离测量和坐标测量 2. 能够利用常用测量仪器和工具进行平面位置和高程位置的放样，具有计算和准备放样数据的能力，具有建筑施工测量的能力 方法能力 1. 能够根据工程情况选用适当的测量方法 2. 具有运用所学知识与技能，解决新问题的能力 社会能力 1. 能够组织测量人员共同完成测量任务 2. 具有配合和协调工程相关人员和工作流程的能力		
教学内容	1. 水准仪的构造与使用，水准测量的观测、记录和计算，微倾式水准仪的检验与校正，自动安平水准仪的使用 2. 经纬仪的构造与使用，角度的观测、记录和计算，经纬仪的检验与校正，电子经纬仪的使用 3. 钢尺的使用，钢尺量距的方法 4. 全站仪的构造与使用，全站仪测量坐标的方法 5. 放样已知距离、角度和高程的方法；放样平面点位的方法和数据计算 6. 建筑施工测量的准备，民用建筑、高层建筑和工业厂房的施工测量		
教学方法建议	建议采用教学做一体化教学方法，其中室内教学优先采用多媒体教学，室外采用学生分组操作实训，教师示范和指导		
教学场所要求	室内教学场所为普通教室或多媒体教学，室外教学场所可利用校内的操场、道路、广场、树林和空地等		
考核评价要求	根据平时考核、知识考核和技能考核综合评定成绩，其中平时考核指考勤、作业和表现等，知识考核采用笔试，技能考核采用单人操作考核		

钢筋下料及混凝土配料技能单元教学要求

表 21

单元名称	钢筋下料及混凝土配料	最低学时	30 学时
教学目标	专业能力 1. 能够按施工图对构件钢筋进行下料 2. 能够对钢筋加工进行施工质量的检查 3. 能够按混凝土实验室配合比换算成施工配合比并拌制混凝土 方法能力 具有利用所学知识和掌握的技能解决实际施工问题的能力 社会能力 1. 具有与项目参建各方进行沟通和协调的能力，指导专业班组完成施工任务 2. 具有自主学习的能力		
教学内容	1. 根据施工图纸和给定混凝土强度计算出实验室配合比 2. 对指定构件的配筋进行编号并计算，根据计算结果填出钢筋下料单 3. 按下料单对钢筋进行下料加工并安装 4. 将指定构件混凝土强度实验室配合比换算成施工配合比 5. 按混凝土施工配合比配料并拌制混凝土，留置混凝土试块		
教学方法建议	建议采用项目导向法和教学做一体化教学方法		
教学场所要求	在校内完成，要求配备满足实训要求的建筑材料和钢筋加工设备、混凝土搅拌设备		
考核评价要求	1. 对实训过程中操作规范性进行评价 2. 按照现行混凝土施工质量验收标准对钢筋下料和加工成果进行检查和验收，对检查和验收结果进行评价 3. 按照现行混凝土施工质量验收标准对混凝土强度结果进行评价		

建筑与装饰工程计量与计价及计价软件应用技能单元教学要求 表 22

单元名称	建筑与装饰工程计量与计价及计价软件应用	最低学时	60 学时
教学目标	专业能力 1. 能够应用工料单价法编制工程预结算 2. 能够应用工程量清单计价法编制工程预结算，具有编制工程量清单的能力，具有编制投标报价的能力 3. 具有工料机分析的能力 方法能力 1. 能够在工程项目实施各阶段进行相应工程计价 2. 具有运用所学知识与技能，解决新问题的能力 社会能力 1. 能够组织相关人员共同完成工程计价任务 2. 具备与项目参建各方对工程计价工作进行沟通协调的能力		
教学内容	1. 工程量计算，工程量清单编制 2. 套用定额子目 3. 费用计算，工程招标控制价编制 4. 造价对量与对价的方法与技巧		
教学方法建议	建议采用案例教学法、多媒体教学、分组教学、角色转换等方法，其中室内教学优先采用多媒体教学，学生分组实务操作实训，教师示范和指导		
教学场所要求	配备电脑、工作台、工程计价软件的一体化多媒体教室		
考核评价要求	根据平时考核、知识考核和技能考核综合评定成绩，其中平时考核指考勤、作业和表现等，知识考核采用笔试，技能考核采用实务操作考核		

建筑工程资料管理技能单元教学要求 表 23

单元名称	建筑工程资料管理	最低学时	30 学时
教学目标	专业能力 1. 能够完成建筑工程施工技术资料和质量验收资料的编制工作 2. 具有对建筑工程资料进行组卷、归档和整理备案的能力 方法能力 具有运用所学知识和技能，完善和解决工程项目资料管理过程中常见问题的能力 社会能力 1. 能够配合相关专业管理人员做好技术交底、安全交底工作 2. 在项目管理过程中，具备与业主等各参与方进行沟通的能力		
教学内容	1. 编制建筑工程管理资料 2. 编制建筑工程技术资料 3. 编制建筑工程施工质量验收资料 4. 归档整理建筑工程资料		
教学方法建议	建议以项目为载体，采用项目导向法教学		
教学场所要求	在校内完成，要求实训室配置一定数量的电脑、工程资料管理软件（网络版）		
考核评价要求	根据平时考核、知识考核和技能考核综合评定成绩，其中平时考核指考勤、作业和提问等，知识考核采用笔试，技能考核采用单人单机操作考核		

建设工程招标技能单元教学要求　　表 24

单元名称	建设工程招标	最低学时	10 学时
教学目标	专业能力 能根据某项目编制招标文件，熟悉招标程序并会进行招标操作 方法能力 具有运用所学知识解决建设工程招标过程中常见问题的能力 社会能力 在招标过程中，具备与各方沟通的能力和内部协调的能力		
教学内容	1. 编写与发布招标公告 2. 编制招标文件和资格预审文件 3. 根据招标程序进行招标		
教学方法建议	建议以项目为载体，采用项目导向法教学		
教学场所要求	在校内完成，要求实训室配置电脑、大椭圆桌、排椅、工作标牌、投影仪、话筒、剪刀、计算器、发包人和投标人法人公章若干、发包人和投标人法定代表人印章若干枚		
考核评价要求	根据学生在实训过程的表现、实训成果、团队协作进行综合评价		

建设工程投标技能单元教学要求　　表 25

单元名称	建设工程投标	最低学时	10 学时
教学目标	专业能力 能根据某项目编制投标文件，熟悉投标程序并会进行投标操作 方法能力 1. 掌握投标过程中的一些常用策略 2. 具有运用所学知识解决建设工程投标过程中常见问题的能力 社会能力 在投标过程中，具备与各方沟通的能力和内部协调的能力		
教学内容	1. 编制、封装投标文件 2. 根据投标程序进行投标		
教学方法建议	建议以项目为载体，采用项目导向法教学		
教学场所要求	在校内完成，要求实训室配置电脑、大椭圆桌、排椅、工作标牌、投影仪、话筒、剪刀、计算器、发包人和投标人法人公章若干、发包人和投标人法定代表人印章若干枚		
考核评价要求	根据学生在实训过程的表现、实训成果、团队协作进行综合评价		

建设工程合同订立技能单元教学要求   表 26

单元名称	建设工程合同订立	最低学时	10 学时
教学目标	专业能力 能拟订一般性的建筑工程合同条款 方法能力 具备订立建设工程合同的初步能力 社会能力 在建设工程合同订立过程中，具备与业主方沟通的能力		
教学内容	1. 拟定合同条款 2. 进行合同谈判和签订合同		
教学方法建议	建议以项目为载体，采用项目导向法教学		
教学场所要求	在校内完成，要求实训室配置电脑、大椭圆桌、排椅、工作标牌、投影仪、话筒、剪刀、计算器、发包人和投标人法人公章若干、发包人和投标人法定代表人印章若干枚		
考核评价要求	根据学生在实训过程的表现、实训成果、团队协作进行综合评价		

建筑工程施工方案编制技能单元教学要求   表 27

单元名称	建筑工程施工方案编制	最低学时	30 学时
教学目标	专业能力 能够按照给定的一栋多层建筑施工图编制施工方案 方法能力 1. 具有利用所学知识和掌握的技能解决实际施工问题的能力 2. 具有优化施工方案及经济比选的能力 社会能力 1. 具有与项目参建各方进行沟通和协调的能力，指导专业班组完成施工任务 2. 具有对施工过程中出现突变情况的应变能力和自主学习的能力		
教学内容	1. 根据给定施工图纸选择和确定土方工程、基础工程、主体结构工程的施工方案，编制单位工程施工方案 2. 根据给定的工期和假设条件合理安排施工进度并编制进度计划 3. 根据给定现场及周围环境确定现场总平面图并绘图 4. 根据施工方案成果文件在沙盘模型上布置并作出解析		
教学方法建议	建议以项目为载体，采用项目导向法教学		
教学场所要求	在校内完成，要求校内有专门实训室并配备沙盘模型		
考核评价要求	1. 对学生的施工方案成果文件进行评价 2. 对学生按成果文件在沙盘上的演示结果及答辩进行评价 3. 对学生的应变能力进行评价		

3. 课程体系构建的原则要求

各院校应按本专业教学要求的核心知识体系设置课程体系，其中课程体系应包括本专业要求附录1中的核心课程；应按本专业教学要求的核心技能体系设置实训课程，其中实训课程应包括本专业要求附录1中的专业实践教学课程。在此基础上倡导各院校根据自身条件和特色构建校本化的课程体系，其中实训课程教学应形成由基础训练、综合训练和顶岗实习构成的完整体系。

9 专业办学基本条件和教学建议

9.1 专业教学团队

1. 专业带头人

专业主要课程的带头人应具有本专业相同或相近的全日制专业本科以上的教育背景，有丰富的建设工程管理实践经验和（或）较高的学术造诣，及时掌握本专业的发展方向和制订本专业的发展规划，具有在专业教学、技术服务和专业建设等方面的能力。每个学院应至少配备一名校内专职专业带头人，有条件和必要时可以再设置一名校外兼职专业带头人，校内专业带头人应由获得高校/工程系列副高以上职称的双师型教师担任，校外兼职专业带头人应由获得中级职称三年以上的工程技术人员担任。

2. 师资数量

本专业每门核心专业课程必须有一名以上专职的专业教师，且生师比不大于18：1，主要专任专业教师不少于5人。具有研究生学位教师占专任教师的比例不低于5％。

主干课程教师每学期担负的教学任务周学时不宜超过16个课时，主干课程课堂教学不宜采用合班上课，以保证教学效果。

3. 师资水平及结构

承担本专业主要课程的任课教师应具有所教学的专业相近全日制本科专业以上教育背景，对于刚从高等院校毕业初次从事专业教育之前，应安排其从事1～2个学期的助教工作，学校应指派教学经验丰富的教师给予指导。专业教师从事专业教学每3年应安排一个学期的社会实践工作（如果有社会兼职的除外）。

企业兼职教师必须有相应专业中级以上职称且在该专业领域从事专业工作三年以上，能够正常履行教学工作安排。

各专业应有专业知识结构合理、队伍相对稳定、水平较高的师资力量，教师年龄层次应该老中青结合，专业职称高中低合理搭配，高级职称不少于30％。企业兼职教师承担的专业实践课程比例不少于35％，核心专业课程原则上应由专职教师担任。

9.2 教学设施

1. 校内实训条件

建筑工程管理专业校内实训条件要求 表 25

序号	实践教学项目	主要设备、设施名称及数量	实训室（场地）面积（m²）	备注
1	建筑施工图识读与绘制实训	（1）图板（50套） （2）丁字尺（50套） （3）三角板（50套） （4）绘图桌椅（50套）	120	校内完成，内容包括实训成果及答辩，本实训为基本项目
2	混凝土结构施工图识读与大样绘制	（1）图板（50套） （2）丁字尺（50套） （3）三角板（50套） （4）绘图桌椅（50套）	120	校内完成，内容包括实训成果及答辩，本实训为基本项目
3	建筑施工测量实训	（1）水准仪（12台） （2）经纬仪（12台） （3）钢尺（12把） （4）全站仪（12台） （5）标尺（24把） （6）激光垂准仪（12台）	120	校内完成，内容包括实训过程操作、实训成果及答辩，本实训为基本项目
4	钢筋下料及混凝土配料实训	（1）工具式钢模板、木模板及木工机械（6套） （2）钢筋工作台、钢筋切断机、钢筋调直机、钢筋弯曲机、弧焊机、对焊机、电渣压力焊机、钢筋套丝机、钢筋挤压机，操作及检测工具（6套） （3）计量设备、混凝土搅拌机、插入式混凝土振捣器、平板振动器（6套）	300	校内完成，本实训为基本项目
5	建筑与装饰工程计量与计价及软件应用实训	（1）电脑50台 （2）计价软件网络版1套（50节点） （3）激光A4打印机4台 （4）1.5m×2.0m方桌10张及椅子50张 （5）多媒体投影设备1套	200	校内完成，本实训为基本项目
6	建筑工程施工方案编制实训	（1）施工现场配套设施（沙盘）（10套） （2）投影仪、电脑（1套） （3）桌椅、资料等（10套）	200	校内完成，本实训为基本项目

序号	实践教学项目	主要设备、设施名称及数量	实训室（场地）面积（m²）	备注
7	建筑工程质量验收实训	（1）具有混凝土墙、柱、梁和板等构件的样板间（1间） （2）具有砖基础、砖墙、砖柱等构件的样板间（1间） （3）已完成抹灰工程及门窗安装的样板间（1间） （4）靠尺、塞尺、卷尺、百格网、钢针小锤、线锤等（10套）	300	校内完成，本实训为选择项目
8	建筑工程资料编制实训	（1）电脑（50台） （2）资料管理软件（网络版50个接口）	70	校内完成，本实训为基本项目
9	工程招投标与合同订立实训	（1）电脑（50台） （2）大椭圆桌一张（26人），排椅（40人），工作标牌（22个），投影仪（1台），话筒（1个），剪刀（4把），计算器（5个） （3）印章：发包人和投标人法人公章若干、发包人和投标人法定代表人印章若干枚	120	校内完成，本实训为基本项目
10	建筑施工管理综合实训	（1）施工现场项目部配套设施（10套） （2）施工现场配套设施（沙盘10套） （3）投影仪、桌椅、资料等（1套）	200	校内完成，本实训为选择项目
11	建筑材料检测实训	（1）水泥净浆搅拌机（8台），水泥胶砂搅拌机（5台），水泥胶砂振实台（4台），电子天平（8台），水泥标准稠度测定仪（8台），水泥全自动压力机（2台），新标准水泥跳桌（4台），电动抗折试验机（3台），砂浆稠度仪（4台），砂浆分层度仪（4台） （2）水泥混凝土恒温恒湿养护箱（2台），水泥快速养护箱（2台） （3）分样筛振摆仪（4台），电热鼓风干燥箱（1台），新标准砂石筛（8台）	120	校内完成，本实训为选择项目

注：表中实训设备及场地按满足一个教学班训练计算。

2. 校外实训基地的基本要求

本专业应有一定数量满足实践教学要求的校外实训基地，校外实训基地应优先选择已通过 ISO 体系认证并具有国家二级及以上施工总承包资质和专业承包资质的建筑业企业管理的项目，或具有省级以上建设行政主管部门对其资质认可和质量技术监督管理部门对其计量认证的实验室，且在项目部或实验室配备专门指导老师，指导老师应具备中级以上技术职称。

校外实训基地的基本要求 表 29

序号	实践教学项目	对校外实训基地的要求	备注
1	建筑工程安全管理与文明施工方案编制实训	（1）提供实训基地的企业要求管理规范 （2）配备中级以上技术职称的工程师为指导老师 （3）提供建筑工程施工现场	

3. 信息网络教学条件

本专业各院校应在图书馆、多媒体教室、教师办公室、会议室以及学生宿舍配置校园局域网或类似信息网络接入插口。

9.3 教材及图书、数字化（网络）资料等学习资源

1. 教材

本专业教材宜优先采用校编教材、高等职业专业规划教材或专业规划推荐教材。

2. 图书及数字化资料

各校图书馆中应有一定数量与本专业有关的图书、刊物、资料、数字化资源和具有检索这些信息资源的工具，生均图书不少于 60 册。

9.4 教学方法、手段与教学组织形式建议

教学方法：本专业可以采用课堂讲授的传统教学方法、理实一体化教学、案例教学法、项目导向法、情境教学等教学方法。

教学手段：本专业各专业理论课程建议采用多媒体结合板书、现场实物操作过程演示、利用网络共享教学资源信息平台等教学手段。实践技能课建议采用上机操作、情境模拟操作、实物操作演示、现场参观等手段教学。

教学组织：以校内实训基地为依托，通过校企合作平台，建立社会企业参与高端技能型人才培养的模式。

9.5 教学评价、考核建议

教学评价采用学生评价为主，同行评价为辅。考核方法可以采用定性评价、也可采用

定量打分，或者两者结合。

9.6 教学管理

本专业实行学分制时，学生毕业前必须修满规定的学分，其中文化基础课、专业课和与专业课配套的实训课学分必须修满，不能以其他限选课或任选课的学分来替代。

本专业各项课程的教学方法各院校可以结合自身特点和实际情况确定适宜的教学方法，本专业建议采用理实一体化教学方法。合理安排教学计划，具体编制时应注意各专业课的前导后续关系。在专业课程学习之前，与之对应的前导课教学应已完成。

教学计划应根据本专业培养目标、培养规格，结合各院校的特色并充分考虑当地特点制订。各学期的教学时间应做到合理分配，不应出现过多或过少现象，每周正常学时宜控制在 28~32 课时。教学计划除为适应社会发展需要作出必要的调整和修改外，宜保持相对稳定性。教学计划经审核批准后应严格执行。

10 继续学习深造建议

1. 通过学校三年的专业学习和技能训练，毕业生应掌握必要的自我学习方法，毕业后可以通过边工作边学习，不断更新专业知识，提高专业能力。

2. 学生可以在毕业后根据自己所从事工作的需要，通过参加函授、远程网络教育等方式继续深造，与本专业相近的本科专业主要有：工程管理专业、工程造价等。

3. 本专业毕业生可以在毕业后通过监理培训和考试合格取得监理员上岗证；毕业 2 年后可以通过国家二级建造师考试获得二级建造师执业资格；本专业毕业生也可以经过未来更长时间的工程实践和努力获取一级建造师、造价工程师和监理工程师等更高层次的执业资格。

附录 1

建筑工程管理专业教学基本
要求实施示例

1 构建课程体系的架构与说明

本专业课程体系按照本教学基本要求第 5 条第 5.2 初始就业岗位群和第 5.3 发展岗位群所要求具备的能力来设置相应的课程知识体系，本专业的课程知识体系有：建筑与装饰工程材料、工程力学、土力学与工程基础、建筑结构、建筑识图与房屋构造、建筑结构识图、工程测量、建筑施工技术、建筑与装饰工程计量与计价及软件应用、建设工程法规及相关知识、建筑施工组织设计、建筑工程质量验收、建筑工程安全管理与文明施工、工程招投标与合同管理、建筑工程项目管理等。按照初始就业岗位群的主要就业岗位和发展岗位群的主要发展岗位所要求具备的能力来确定核心课程。建筑工程管理专业的主要初始就业岗位是项目管理员，其主要发展岗位为建造师，本专业知识的核心课程有：建筑施工技术、建筑与装饰工程计量与计价及软件应用、建筑工程质量验收、工程招投标与合同管理、建筑工程项目管理。核心课程以外的为专业基础课程、一般专业课程、选修课程，各院校可根据各地实际情况和学校特色选择与核心课程适配的前导和后续发展的专业课程。

具体课程体系架构见附表 1。

课程体系架构   附表 1

序号	就业岗位	专 业 技 能	对 应 课 程
1	项目管理员	建筑施工管理技能	（1）建筑施工技术
			（2）建筑工程质量验收
			（3）建筑施工组织设计
			（4）建筑工程项目管理
			（5）建筑工程安全管理与文明施工
2	资料员	建筑工程资料管理技能	建筑工程质量验收
3	施工员	建筑施工技能	（1）建筑识图与房屋构造
			（2）建筑与装饰工程材料
			（3）工程力学
			（4）土力学与工程基础
			（5）建筑结构
			（6）建筑结构识图
			（7）工程测量
			（8）建筑施工技术
4	造价员	建筑与装饰工程计量与 计价及软件应用技能	（1）建筑识图与房屋构造
			（2）建筑结构识图
			（3）建筑施工技术
			（4）建筑与装饰工程计量与计价及软件应用

序号	就业岗位	专 业 技 能	对 应 课 程
5	合同管理员	合同管理技能	(1) 建设工程法规及相关知识
			(2) 工程招投标与合同管理
6	招（投）标员	招（投）标技能	(1) 建设工程法规及相关知识
			(2) 工程招投标与合同管理

2 专业核心课程简介

建筑施工技术课程简介			附表 2
课程名称	建筑施工技术	学时 80	理论 70 学时 实践 10 学时
教学目标	专业能力 1. 通过学习本专业课程，使学生熟练掌握建筑工程的地基与基础工程、钢筋混凝土结构工程、砌体结构工程、屋面工程和装饰装修工程的施工技术 2. 能够运用所学专业知识组织安排施工现场工作 方法能力 能够合理选择适当的施工工艺 社会能力 1. 能在项目经理的领导下，具备与项目参建各方进行沟通和协调的能力，指导专业班组完成施工任务 2. 具备基本的职业道德和自主学习的能力		

教学内容	单 元	知 识 点	技 能 点
	单元 1. 土石方工程	1.1 掌握岩土的工程分类和工程性质	能够组织和管理土方工程施工
		1.2 掌握土石方工程的施工要求	
		1.3 熟悉主要土方机械施工的适用范围和施工方法	
		1.4 熟悉常见基坑开挖与支护方法	
		1.5 了解人工降低地下水的方案选择	
	单元 2. 地基处理与基础工程	2.1 掌握常见的地基处理方法	能够组织和管理常见浅基础和桩基础的施工
		2.2 掌握扩展基础的施工工艺和要求	
		2.3 掌握筏板基础的施工要点和要求	
		2.4 掌握钢筋混凝土预制桩基础施工工艺和技术要求	
		2.5 掌握混凝土灌注桩的种类和施工工艺	
		2.6 了解箱形基础的施工要点和要求	
		2.7 熟悉地下连续墙的工艺原理和施工工艺	
	单元 3. 主体结构施工的技术要求和方法	3.1 掌握混凝土结构（模板工程、钢筋工程和混凝土工程）施工的技术要求和方法	能够组织和管理混凝土结构工程、砌体结构工程施工
		3.2 掌握砌体结构施工的技术要求和方法	
		3.3 熟悉钢结构施工的技术要求和方法	

课程名称	建筑施工技术		学时 80	理论 70 学时 实践 10 学时
教学内容	单 元	知 识 点		技 能 点
	单元 4. 防水工程施工的技术要求和方法	4.1 掌握屋面卷材防水施工的技术要求和方法		能够组织和管理屋面工程施工
		4.2 掌握卫生间防水施工的技术要求和方法		
		4.3 掌握屋面涂膜防水施工的技术要求和方法		
		4.4 掌握刚性防水屋面施工的技术要求和方法		
		4.5 掌握地下工程防水施工的技术要求和方法		
	单元 5. 装饰工程施工技术和方法	5.1 掌握一般抹灰施工工艺和技术要求		能够组织和管理常见的装饰装修工程和外墙外保温工程施工
		5.2 掌握饰面砖施工的技术要求和方法		
		5.3 掌握楼地面板块面层施工的技术要求和方法		
		5.4 掌握门窗安装工程的施工工艺和技术要求		
		5.5 熟悉天然石材的湿贴和干挂的施工工艺和技术要求		
		5.6 熟悉轻钢龙骨吊顶和隔墙的施工工艺和技术要求		
		5.7 熟悉外墙外保温的施工的技术要求和方法		
		5.8 了解幕墙工程的施工工艺和技术要求		
	单元 6. 季节性施工	6.1 掌握季节性安全施工的技术要求和方法		能够组织和管理季节性施工安全
		6.2 熟悉季节性土方工程的技术要求和方法		
		6.3 熟悉季节性砌筑工程的技术要求和方法		
		6.4 熟悉季节性混凝土结构工程的技术要求和方法		
		6.5 熟悉季节性装饰工程和屋面工程的技术要求和方法		
实训项目及内容	项目 1. 钢筋下料及混凝土配料实训 1. 根据施工图纸和给定混凝土强度实验室配合比；对指定构件的配筋进行编号并计算，根据计算结果填出钢筋下料单；按下料单对钢筋进行下料加工并安装 2. 将指定构件混凝土强度实验室配合比换算成施工配合比；按混凝土施工配合比配料并拌制混凝土，留置混凝土试块。 项目 2. 施工工艺方案编制实训 针对某项建筑工程项目，编制该工程地基与基础工程、主体结构工程等的施工工艺方案，明确施工工艺流程、选择施工方法、确定施工机械等内容 项目 3. 施工工种现场实训 在老师指导下，学生按照给定施工图在校内实训场所进行模板、钢筋和混凝土工程的施工。或利用校外实训基地，组织学生到施工现场实习，实习内容为模板、钢筋、混凝土及砌体结构工程的施工			
教学方法建议	建议采用项目导向法教学、现场教学等方法			
考核评价要求	本专业课程的考核评价可参考以下内容综合评定 1. 根据平时成绩和考试（考查）成绩综合评定 2. 实训完后，学生自身评价 3. 实训完后，教师对学生的实训成果考核评价 4. 校外基地实训指导人员对学生的评价 5. 实训内容的完善性、可行性评价			

课程名称	建筑与装饰工程计量与计价及软件应用	学时 170	理论 120 学时 实践 50 学时

教学目标	专业能力： 通过学习本专业课程，使学生能够根据施工图纸、施工方案及结合各类计价规范，编制工程造价文件 方法能力 1. 具有一定的独立编制工程造价文件的工作能力 2. 具有解决工作过程中常见问题的能力 社会能力 1. 具有对工程计价工作与项目参建各方进行沟通协调的能力 2. 具有基本的职业道德，具备自主学习能力

	单　元	知　识　点	技　能　点
教学内容	单元 1. 工程定额原理	1.1 熟悉工程计价基础知识	能进行人工、材料、机械台班消耗量及其相应预算单价的计算
		1.2 熟悉工程定额相关知识	
		1.3 熟悉人工、材料、机械台班消耗量的确定	
		1.4 熟悉人工、材料、机械台班单价的计算方法	
		1.5 了解概算定额、概算指标和投资估算指标	
	单元 2. 建设工程费用组成	2.1 掌握工程造价构成	能进行建筑与装饰工程费用计算
		2.2 掌握建筑与装饰工程费用构成与计价程序	
		2.3 了解设备、工器具购置费	
		2.4 了解工程建设其他费用	
	单元 3. 定额计价法计量与计价	3.1 熟悉工程量计算相关知识	能够按定额计价法完成工程计价文件编制工作
		3.2 掌握建筑面积的计算	
		3.3 掌握建筑工程工程量计算	
		3.4 掌握装饰工程工程量计算	
		3.5 定额取费	
		3.6 掌握工料机分析	
	单元 4. 工程量清单计价法计量与计价	4.1 工程量清单计价基本知识	能够按工程量清单计价法完成工程计价文件编制工作
		4.2 掌握工程量清单编制	
		4.3 掌握工程量清单计价	
	单元 5. 施工阶段工程计价	5.1 掌握工程设计变更	能够编制工程施工阶段的计价文件
		5.2 掌握工程签证与索赔	
		5.3 掌握工程量清单计价结算	
	单元 6. 竣工决算与保修费	6.1 熟悉建设项目竣工决算	能够进行工程质量保修金的处理
		6.2 熟悉工程质量保修金的处理	

课程名称	建筑与装饰工程计量与计价及软件应用	学时 170	理论 120 学时 实践 50 学时

	单 元	知 识 点	技 能 点
教学内容	单元 7. 工程计价软件应用	7.1 熟悉工程计价软件概述	能够应用工程计价完成工程量列式计算，能够应用计价软件完成工程造价文件编制
		7.2 掌握计价软件应用操作流程	
		7.3 掌握应用计价软件完成定额计价法造价文件编制	
		7.4 掌握应用计价软件完成工程量清单计价法造价文件编制	
		7.5 掌握应用计价软件进行工程量列式计算方法	

实训项目及内容	项目 1. 建筑与装饰工程预算书编制 针对某项建筑工程项目，列项计算其工程量，编制该工程造价及工程造价指标分析表 项目 2. 工料机分析实训 针对已完成的某项建筑与装饰工程项目预算书，编制工程项目的工料机分析表，为材料进场及成本管理提供基础数据 项目 3. 设计变更及签证计价 根据实际工程设计变更通知单、工程签证单，完成工程造价编制工作

教学方法建议	建议采用案例教学、分组教学、角色转换等方法

考核评价要求	本专业课程的考核评价可参考以下内容综合评定 1. 根据平时成绩和考试（考查）成绩综合评定 2. 课程结束后采取集中周实训，根据实训效果对课程进行评价 （1）实训完后，学生自身评价 （2）实训完后，教师对学生的实训成果考核评价 （3）实训内容的完善性、可行性评价

建筑工程质量验收课程简介　　附表 4

课程名称	建筑工程质量验收	学时 64	理论 44 学时 实践 20 学时

教学目标	专业能力： 　1. 通过学习本课程，使学生掌握建筑工程施工质量验收单元的划分原则、施工质量验收标准的基本知识，掌握建筑工程质量验收资料的编制、收集和管理知识 　2. 具有对单位工程检验批、分项工程、分部（子分部）工程、单位（子单位）工程质量进行验收的能力 　3. 具有对单位工程的施工质量验收资料的编制、整理和管理的能力 方法能力 能够选择适当的检验和（或）测量仪器对工程质量进行实测。能够对一般质量缺陷提出处理方案 社会能力 培养学生人际交往和处理公共关系的能力，具有吃苦耐劳、团队协作精神和良好的职业道德

课程名称	建筑工程质量验收		学时 64	理论 44 学时 实践 20 学时
教学内容	单 元	知 识 点		技 能 点
	单元 1. 建筑工程施工质量验收基础知识	1.1 熟悉施工质量验收统一标准及各专业验收规范		会对建筑工程进行单位（子单位）工程、分部（子分部）工程、分项工程和检验批的划分
		1.2 掌握建筑工程施工质量验收的基本规定		
		1.3 掌握建筑工程质量验收的划分		
		1.4 熟悉建筑工程质量验收程序和组织		
	单元 2. 建筑工程地基基础分部工程	2.1 熟悉地基的施工质量验收		会对土方开挖及常见桩基础进行质量验收
		2.2 掌握桩基础的施工质量验收		
		2.3 掌握土方工程的施工质量验收		
		2.4 熟悉基坑工程的施工质量验收		
	单元 3. 建筑工程主体结构分部工程	3.1 掌握混凝土结构的施工质量验收		会对混凝土结构工程、砌体结构工程进行质量验收
		3.2 掌握砌体结构的施工质量验收		
		3.3 了解钢结构的施工质量验收		
		3.4 了解木结构的施工质量验收		
	单元 4. 建筑工程屋面分部工程	4.1 掌握卷材防水屋面的施工质量验收		会对卷材防水屋面、刚性防水屋面、涂膜防水屋面进行质量验收
		4.2 掌握涂膜防水屋面的施工质量验收		
		4.3 掌握刚性防水屋面的施工质量验收		
		4.4 了解瓦屋面的施工质量验收		
		4.5 了解隔热屋面的施工质量验收		
		4.6 熟悉细部构造工程的施工质量验收		
	单元 5. 建筑装饰装修分部工程	5.1 掌握抹灰工程的施工质量验收		会对抹灰、木（钢）门窗、吊顶、饰面板（砖）、涂饰工程进行质量验收
		5.2 掌握门窗工程的施工质量验收		
		5.3 掌握吊顶工程的施工质量验收		
		5.4 熟悉轻质隔墙工程的施工质量验收		
		5.5 掌握饰面板（砖）工程的施工质量验收		
		5.6 熟悉幕墙工程的施工质量验收		
		5.7 掌握涂饰工程的施工质量验收		
		5.8 了解裱糊与软包工程的施工质量验收		
		5.9 熟悉细部工程的施工质量验收		
	单元 6. 单位工程安全和功能检验以及观感质量检查验收	6.1 熟悉质量控制资料的收集和核查		会对单位工程进行质量验收
		6.2 熟悉安全和功能检验资料核查及主要功能抽查		
		6.3 熟悉观感质量检查		
		6.4 熟悉单位工程验收备案资料的收集整理		

课程名称	建筑工程质量验收	学时 64	理论 44 学时 实践 20 学时
实训项目 及内容	项目 1. 建筑工程资料编制实训 针对某一具体项目，编制单位工程、分部分项工程、检验批等施工验收资料 项目 2. 地基基础分部工程验收实训 利用校内或校外实训基地，组织学生针对某一具体的建筑工程项目中的常见桩基础（如预制桩、混凝土灌注桩等）组织现场验收 项目 3. 主体结构分部工程验收实训 利用校内或校外实训基地，组织学生针对某一具体的建筑工程项目中常见的分项工程（如模板、钢筋、混凝土、砖砌体等）组织现场验收 项目 4. 屋面分部工程验收实训 利用校内或校外实训基地，组织学生针对某一具体的建筑工程项目中常见的屋面（如卷材防水屋面、刚性防水屋面、涂膜防水屋面）组织现场验收 项目 5. 建筑装饰装修分部工程验收实训 利用校内或校外实训基地，组织学生针对某一具体的建筑工程项目中常见的子分部（如抹灰、门窗、吊顶、饰面板（砖）、涂饰工程等）组织现场验收		
教学方法 建议	建议采用案例法教学、现场教学等方法		
考核评价 要求	本专业课程的考核评价可参考以下内容综合评定 1. 根据平时成绩和考试（考查）成绩综合评定 2. 课程结束后采取集中周实训，根据实训效果对课程进行评价 （1）实训完后，学生自身评价 （2）实训完后，教师对学生的实训成果考核评价 （3）实训内容的完善性、可行性评价		

工程招投标与合同管理课程简介　　　　　　　　　　　　　　　附表 5

课程名称	工程招投标与合同管理	学时 64	理论 54 学时 实践 10 学时
教学目标	专业能力 通过对本课程的学习，使学生熟练掌握招标投标的知识方法和合同管理的知识方法 方法能力 使学生具备招标、投标和订立合同的初步能力，并能对合同进行履约管理和索赔管理 社会能力 1. 在招标、投标过程中，具备与各方沟通能力和内部协调能力 2. 在合同管理过程中，具备与项目参建各方沟通和协调能力		

教学内容	单元	知 识 点	技 能 点
教学内容	单元 1. 招标 投标	1.1　熟悉建设工程招投标相关知识	1. 会编写与发布招标公告，会编制招标文件和资格预审文件，能根据招标程序进行招标 2. 会编制、封装投标文件；能根据投标程序进行投标
		1.2　掌握建设工程招标	
		1.3　掌握建设工程投标	

课程名称	工程招投标与合同管理		学时 64	理论 54 学时 实践 10 学时
	单 元	**知 识 点**		**技 能 点**
教学内容	单元 2. 合同管理	2.1 熟悉合同的相关法律法规知识		1. 会拟定合同条款，能进行合同谈判和签订合同
		2.2 熟悉工程承发包模式及合同类型		
		2.3 熟悉建设工程合同的内容组成		2. 能进行合同变更管理和签证管理
		2.4 掌握建设工程合同的风险		
		2.5 掌握建设工程施工合同的管理		3. 会编制索赔报告并提交索赔报告，能进行索赔谈判
		2.6 熟悉建设工程施工索赔		
实训项目及内容	项目 1. 建设工程招标 编制招标文件和资格预审文件；根据招标程序进行招标 项目 2. 建设工程投标 编制、封装投标文件；根据投标程序进行投标 项目 3. 建设工程合同订立 拟定合同条款、合同谈判、签订合同 项目 4. 合同变更管理 合同变更管理、签证管理 项目 5. 施工索赔管理 编制索赔报告、提交索赔报告、索赔谈判			
教学方法建议	建议采用项目导向法教学、案例教学等方法			
考核评价要求	本专业课程的考核评价可参考以下内容综合评定 1. 第一阶段是基本知识和技能，对学生进行理论考核（笔试），结合平时实操成绩，确定总评成绩 2. 第二阶段是综合实训，根据实训过程的表现、实训成果、团队协作进行综合评价			

建筑工程项目管理课程简介   **附表 6**

课程名称	建筑工程项目管理	学时 60	理论 54 学时 实践 6 学时
教学目标	专业能力 1. 通过学习本专业课程，使学生熟练掌握选择适当的管理措施对项目的各项目标实施有效管理 2. 能够选择和确定单位工程的施工方案 方法能力 能够利用所学专业知识独立组织项目施工现场管理工作 社会能力 1. 能够在项目经理的领导下，合理协调各专业班组的施工工作 2. 具备基本的职业道德，具备自主学习能力		

课程名称	建筑工程项目管理		学时 60	理论 54 学时 实践 6 学时
教学内容	**单 元**	**知 识 点**		**技 能 点**
	单元 1. 建筑工程项目施工管理基本知识	1.1 掌握建筑工程项目的建设程序		能够项目管理的类型和目标
		1.2 掌握建筑工程项目管理的基本内容		
		1.3 熟悉建筑工程项目管理的基本类型		
		1.4 掌握建筑工程施工方项目管理的目标和任务		
		1.5 了解建筑工程项目管理的产生和发展		
	单元 2. 建筑工程项目施工管理的目标和组织	2.1 掌握建筑工程项目管理常见的组织结构形式及其适用范围		能够建立项目管理的组织机构
		2.2 熟悉组织机构的设置原则		
		2.3 熟悉施工项目管理部的构建		
		2.4 掌握施工项目经理的责权利		
		2.5 熟悉施工项目管理的工作流程		
	单元 3. 建筑工程项目范围管理	3.1 建筑工程项目范围管理的概念		能够对项目管理进行划分和描述
		3.2 建筑工程项目范围管理的主要内容		
		3.3 建筑工程项目范围管理的过程		
	单元 4. 建筑工程项目风险管理	4.1 熟悉建筑工程项目管理风险的类型		能够识别施工过程风险
		4.2 了解建筑工程施工风险管理的任务和方法		
	单元 5. 建筑工程项目施工成本控制	5.1 熟悉施工成本管理的任务与措施		能够利用各种成本管理手段控制成本
		5.2 掌握施工成本计划的编制依据和编制方法（按施工成本组成编制、按子项目组成编制、按施工进度计划编制）		
		5.3 熟悉施工成本控制的依据（合同、成本计划、进度报告、变更等）		
		5.4 掌握施工成本控制的步骤（比较、分析、预测、纠偏、检查）		
		5.5 熟悉施工成本控制的方法（偏差分析法、价值工程法、挣值法）		
		5.6 熟悉施工成本分析的方法（比较法、因素分析法、差额分析法等）		
	单元 6. 建筑工程项目施工进度管理	6.1 掌握建筑工程项目总进度计划目标		能够利用各种控制措施进行进度计划管理
		6.2 掌握建筑工程项目进度计划控制的任务		
		6.3 掌握施工方进度计划的类型（控制性进度计划和实施性进度计划）		
		6.4 掌握控制性进度计划的作用		
		6.5 熟悉实施性进度计划的作用		
		6.6 掌握施工方进度计划控制的措施（组织措施、管理措施、经济措施和技术措施）		

课程名称	建筑工程项目管理	学时 60	理论 54 学时 实践 6 学时

	单 元	知 识 点	技 能 点
教学内容	单元 7. 建筑工程项目施工质量控制	7.1 熟悉施工质量管理和质量控制的含义	能够利用各种控制措施进行质量管理
		7.2 掌握施工质量的影响因素	
		7.3 掌握施工质量控制的目标	
		7.4 掌握施工质量控制的基本原理	
		7.5 掌握施工质量的过程控制（施工准备阶段、施工过程、竣工验收阶段）	
		7.6 熟悉施工质量事故的分类	
		7.7 熟悉施工质量事故的处理程序	

实训项目及内容	项目 1. 建筑工程施工方案编制 　根据给定施工图纸选择和确定土方工程、基础工程、主体结构工程的施工方案，编制单位工程施工方案；根据给定的工期和假设条件合理安排施工进度并编制进度计划；根据给定现场及周围环境确定现场总平图并绘图 项目 2. 施工项目管理综合实训 　针对某项建筑工程项目，完成工程招标文件编制、工程项目施工组织设计与施工图预算编制、确定并设置项目经理部、按文明施工要求布置现场、按给定工期确定施工进度计划（用网络计划和横道图绘制）、工程投标文件编制、施工质量验收资料的编制和汇总

教学方法建议	建议采用项目导向法教学、情境模拟教学、现场教学等方法

考核评价要求	本专业课程的考核评价可参考以下内容综合评定 1. 根据平时成绩和考试（考查）成绩综合评定 2. 课程结束后采取集中周实训，根据实训效果对课程进行评价 （1）实训完后，学生自身评价 （2）实训完后，教师对学生的实训成果考核评价 （3）实训内容的完善性、可行性评价

3 教学进程安排及说明

3.1 专业教学进程安排（按校内 5 学期安排）

建筑工程管理专业按校内 5 个学期安排教学计划，各院校可在本教学基本要求的基础上，结合各自学校实际情况，对本教学进程进行调整。

课程类别	序号	课程名称	学 时			课程按学期安排					
			理论	实践	合计	一	二	三	四	五	六
		一、文化基础课									
	1	思想道德修养与法律基础	50	0	50	√					
	2	毛泽东思想与中国特色社会主义理论体系	60	0	60		√				
	3	形势与政策	20	0	20		√				
	4	国防教育与军事训练	0	36	36	√					
	5	英语	120	0	120	√	√				
	6	体育		80	80	√	√	√			
	7	高等数学	90	0	90	√					
		小计	340	116	456						
		二、专业课									
必修课	8	建筑与装饰工程材料	27	12	39	√					
	9	工程力学	52	0	52	√					
	10	建筑识图与房屋构造	52	12	64	√					
	11	土力学与工程基础	45	0	45		√				
	12	建筑结构	48	0	48		√				
	13	建筑 CAD	0	45	45		√				
	14	建筑结构识图	52	12	64		√				
	15	工程测量	52	12	64			√			
	16	建筑施工技术★	70	10	80			√			
	17	建筑与装饰工程计量与计价及软件应用★	120	50	170			√	√		
	18	建筑施工组织设计	56	8	64				√		
	19	建筑工程质量验收★	44	20	64				√		
	20	建筑工程安全管理与文明施工	36	9	45				√		
	21	工程招投标与合同管理★	54	10	64					√	
	22	建筑工程项目管理★	54	6	60					√	
		小计	767	201	968						

课程类别	序号	课程名称	学时			课程按学期安排					
			理论	实践	合计	一	二	三	四	五	六
选修课		三、限选课									
	23	建筑水电设备安装与识图	45	0	45			√			
	24	建设工程法规及相关知识	64	0	64			√			
	25	工程经济	60	0	60				√		
	26	建筑企业财务管理	56	0	56					√	
		小计	225	0	225						
		四、任选课	90		90						
		小计									
合计			1422	317	1739						

注：1. 标注★的课程为专业核心课程。

2. 限选课除本专业教学要求列出课程外，各院校可根据各自发展需要设置相应课程。

3. 任选课由各院校根据各自发展需要设置相应课程。

3.2 实践教学安排

本专业的每一门专业课程均支持一至两门专业技能。本专业的专业技能主要有：建筑施工技术技能、建筑与装饰工程计量与计价及软件应用技能、建筑工程质量验收与资料管理技能、工程招投标与合同订立技能、建筑施工管理技能等。

为更好地掌握专业技能，各院校可以配置相对应的实训课程，实训内容可以将某个专业技能中核心部分拿出来操作训练、也可以将几个专业技能合并在一起进行操作训练，具体由各院校根据自身特点和条件自定。附录1附表8列出的是本专业的基本实训项目，基本实训项目应安排学生进行操作训练。基本实训项目以外的为选择实训项目或拓展实训项目，选择实训项目或拓展实训项目由各院校根据自身特色和发展需要自行确定。

建筑工程管理专业实践教学安排　　　　　　　附表8

序号	项目名称	教学内容	对应课程	学时	实践教学项目按学期安排					
					一	二	三	四	五	六
1	建筑施工图识读与绘制实训	(1) 建筑平面图识读与绘制 (2) 建筑立面图识读与绘制 (3) 建筑剖面图识读与绘制 (4) 建筑详图识读与绘制	建筑识图与房屋构造	30	√					
2	混凝土结构施工图识读与大样绘制实训	(1) 结构施工图识读 (2) 绘制常用钢筋混凝土结构构件的分离配筋图	建筑结构识图	30		√				

序号	项目名称	教 学 内 容	对应课程	学时	实践教学项目按学期安排					
					一	二	三	四	五	六
3	建筑施工测量实训	1. 钢尺、水准仪、经纬仪和全站仪的操作与使用 2. 高程测量、角度测量、距离测量和坐标测量 3. 建筑物定位测设、细部测设、轴线投测和高程测设	工程测量	30			√			
4	钢筋下料及混凝土配料实训	1. 按施工图对构件钢筋进行下料及加工 2. 钢筋施工质量检查 3. 基础、柱、梁、板等钢筋骨架的安装 4. 按混凝土实验室配合比换算成施工配合比并进行混凝土施工配料、搅拌、浇筑及养护	建筑施工技术	30			√			
5	建筑与装饰工程计量与计价及计价软件应用实训	1. 应用工料单价法编制工程预结算 2. 应用工程量清单计价法编制工程预结算，编制工程量清单的能力，投标报价的能力 3. 工料机分析	建筑与装饰工程计量与计价及软件应用	60				√		
6	建筑工程资料编制实训	(1) 编制单位工程、分部分项工程、检验批等施工验收资料 (2) 收集整理试验资料 (3) 收集整理材料、产品及各种构配件合格文件 (4) 收集整理施工过程资料 (5) 收集整理竣工资料	建筑工程质量验收	30				√		
7	工程招投标与合同订立实训	(1) 编制招标文件和资格预审文件 (2) 根据招标程序进行招标 (3) 投标报价、编制、封装投标文件 (4) 根据投标程序进行投标 (5) 拟定合同条款 (6) 合同谈判 (7) 签订合同	工程招投标与合同管理	30					√	
8	建筑工程施工方案编制实训	(1) 编制单位工程施工方案 (2) 编制单位工程进度计划 (3) 编制单位工程施工总平面布置图	1) 建筑施工技术 2) 建筑工程质量验收 3) 建筑工程项目管理	30					√	
合计				270	一周	一周	二周	三周	二周	

注：每周按 30 学时计算。

3.3 教学安排说明

1. 在校总周数

在校总周数不少于 100 周。

2. 实行学分制时，专业教育总学分数、学分分配以及学时与学分的折算办法如下：

理论教学课的课时一般按 14～18 个课时计算为一个学分，实践教学一般 30 个课时（或一个集中周训练）计算为一个学分。教学总学时控制在 3000 个课时±5％内，实践教学的学时应不少于总学时的 45％，不高于总学时的 55％，实践教学采用集中周实训的，一周学时按 30 个学时计算，专业实践训练课的学分宜为总学分的 28％左右。

本专业宜实行学分制，学制三年，专业教育总学分按附表 9 的要求控制：

建筑工程管理专业实践教学安排 附表 9

序号	学 制	建议学分
1	三	140～160

建筑工程管理专业校内实训及
校内实训基地建设导则

1 总　　则

1.0.1 为了加强和指导我国高职高专教育建筑工程管理专业校内实训教学和实训基地建设，促进和提高学生的专业技能，适应社会发展需要，提高人才培养质量，特制定本导则。

1.0.2 本导则依据建筑工程管理专业学生的专业知识和专业技能的基本要求制定，是《高等职业教育建筑工程管理专业教学基本要求》的组成部分。

1.0.3 本导则适用于建筑工程管理专业校内实训教学和实训基地建设。

1.0.4 本专业校内实训与校外实训相互衔接，实训基地应与其他相关专业及课程的实训实现资源共享。

1.0.5 建筑工程管理专业校内实训教学和实训基地建设，除应符合本导则外，尚应符合国家现行标准、政策的有关规定。

2 术　　语

2.0.1 实训

在学校控制状态下，按照人才培训规律与目标，对学生进行职业能力训练的教学过程。

2.0.2 基本实训项目

与专业培养目标联系紧密，且学生必须在校内完成的职业能力训练项目。

2.0.3 选择实训项目

与专业培养目标联系紧密，根据学校实际情况，宜在学校开设的职业能力训练项目。

2.0.4 拓展实训项目

与专业培养目标相联系，体现学校与专业发展特色，可在学校开展的职业能力训练项目。

2.0.5 实训基地

实训教学实施的场所，包括校内实训基地和校外实训基地。

2.0.6 共享性实训基地

与其他院校、专业、课程共用的实训基地。

2.0.7 理实一体化教学法

即理论实践一体化教学法，将专业理论课与专业实践课的教学环节进行整合，通过设定的教学任务，实现边教、边学、边做。

3 校内实训教学

3.1 一 般 规 定

3.1.1 建筑工程管理专业必须开设本导则规定的基本实训项目，且应在校内完成。

3.1.2 建筑工程管理专业应开设本导则规定的选择实训项目，且宜在校内完成。

3.1.3 学校可根据本校专业特色，选择开设拓展实训项目。

3.1.4 实训项目的训练环境宜符合建筑工程的真实环境。

3.1.5 本章所列实训项目，可根据学校所采用的课程模式、教学模式和实训教学条件，采取理实一体化教学或独立与理论教学进行训练；可按单个项目开展训练或多个项目综合开展训练。

3.2 基 本 实 训 项 目

3.2.1 本专业的校内基本实训项目应包括建筑施工图识读与绘制实训、混凝土结构构件配筋图绘制实训、钢筋下料及混凝土配料实训、建筑施工测量实训、建筑与装饰工程计量与计价及软件应用实训、建筑工程施工方案编制实训、建筑工程资料编制实训、工程招投标与合同订立实训等八项实训项目，见表3.2.1。

建筑工程管理专业的基本实训项目 表3.2.1

序号	实训名称	能力目标	实训内容	实训方式	评价要求
1	建筑施工图识读与绘制实训	能识读一般建筑施工图	（1）建筑平面图识读与绘制 （2）建筑立面图识读与绘制 （3）建筑剖面图识读与绘制 （4）建筑详图识读与绘制	识图与绘制	用真实的工程施工图纸作为评价载体，按照读图的程序，根据学生读图速度、对图纸内容领会的准确度、图纸的认知程度和综合对应程度进行评价
2	混凝土结构施工图识读与大样绘制实训	能识读一般结构施工图并能对常用构件钢筋进行翻样	（1）结构施工图识读 （2）绘制常用钢筋混凝土结构构件的分离配筋图	识图与绘制	用真实的工程施工图纸作为评价载本，按照读图的程序，根据学生读图速度、对图纸内容领会的准确度、图纸的认知程度和综合对应程度进行评价
3	建筑施工测量实训	（1）能够正确操作与使用水准仪、经纬仪、钢尺和全站仪，进行高程测量、角度测量、距离测量和坐标测量 （2）能够利用常用测量仪器和工具进行平面位置和高程位置的放样，具有计算和准备放样数据的能力，具有建筑施工测量的能力	1）钢尺、水准仪、经纬仪和全站仪的操作与使用 2）高程测量、角度测量、距离测量和坐标测量 3）建筑物定位测设、细部测设、轴线投测和高程测设	实操	根据实训的过程表现和成果质量进行评价

序号	实训名称	能力目标	实训内容	实训方式	评价要求
4	钢筋下料及混凝土配料实训	（1）能按施工图对构件钢筋进行下料 （2）能对钢筋安装进行施工质量的检查 （3）能按混凝土实验室配合比换算成施工配合比并拌制混凝土	1）按施工图对构件钢筋进行下料及加工 2）基础、柱、梁、板等钢筋骨架的安装 3）钢筋施工质量检查 4）按混凝土实验室配合比换算成施工配合比并进行混凝土施工配料、搅拌、浇筑及养护	实操	根据实训操作过程和完成结果进行评价
5	建筑与装饰工程计量与计价及计价软件应用实训	（1）能够应用工料单价法编制工程预结算 （2）能够应用工程量清单计价法编制工程预结算，具有编制工程量清单的能力，具有编制投标报价的能力 （3）具有工料机分析的能力 （4）能够应用工程计价软件完成定额计价法计价、工程量清单计价、工料机分析的能力	1）应用工料单价法编制工程预结算； 2）应用工程量清单计价法编制工程预结算，编制工程量清单，编制投标报价 3）工料机分析 4）应用工程计价软件完成定额计价法计价、工程量清单计价、工料机分析	实操	根据实训操作过程和完成结果进行评价
6	建筑工程资料编制实训	（1）能结合当地质监部门要求收集、整理和编制施工过程验收资料、竣工验收资料 （2）能熟练使用资料软件	1）编制单位工程、分部分项工程、检验批等施工验收资料 2）收集整理试验资料 3）收集整理材料、产品及各种构配件合格文件 4）收集整理施工过程资料 5）收集整理竣工资料	实操	根据实训操作过程和完成结果进行评价
7	工程招投标与合同订立实训	（1）能根据某项目编制招标文件，熟悉招标程序并会进行招标操作 （2）能根据某项目编制投标文件，熟悉投标程序并会进行投标操作 （3）能拟订一般性的建筑工程合同条款 （4）能签订有效合同	1）编制招标文件 2）会编写投标文件 3）会投标报价及对投标文件进行签署、盖章、标记、装订和包封 4）拟定合同条款 5）合同谈判 6）签订合同	实操	根据实训操作过程和完成结果进行评价
8	建筑工程施工方案编制实训	能够按照给定的一栋多层建筑施工图编制施工方案	1）编制单位工程施工方案 2）编制单位工程进度计划 3）编制单位工程施工总平面布置图	实操	根据实训操作过程和完成结果进行评价

3.3 选 择 实 训 项 目

3.3.1 建筑工程管理专业的选择实训项目应包括建筑材料检测实训、建筑工程算量软件应用实训、建筑工程质量验收实训、建筑工程资料管理软件应用实训、建筑施工管理综合实训等五项实训项目。

3.3.2 建筑工程管理专业的选择实训项目应符合表3.3.2的要求。

建筑工程管理专业的选择实训项目 表3.3.2

序号	实训名称	能力目标	实训内容	实训方式	评价要求
1	建筑材料检测实训	能对常用建筑材料的质量进行检测	水泥、砂石、混凝土、钢筋及一般砌墙材料的质量检测	实操	根据实训过程、完成时间、实训结果、团队协作及试训后的场地整理进行评价
2	建筑工程算量软件应用实训	能熟练使用图形算量软件和钢筋抽样软件	(1) 工程量清单编制和工程计量 (2) 钢筋工程量的计算	实操	根据实训操作过程和完成结果进行评价
3	建筑工程质量验收实训	能对地基基础工程、主体结构工程、屋面工程、建筑装饰与装修工程进行质量验收	(1) 地基基础工程质量验收 (2) 主体结构工程质量验收 (3) 屋面工程质量验收 (4) 建筑装饰与装修工程质量验收	实操	根据实训操作过程和完成结果进行评价
4	建筑工程资料管理软件应用实训	能熟练使用建筑工程资料软件编制施工验收资料	利用建筑工程资料管理软件编制单位工程、分部分项工程、检验批等施工验收资料	实操	根据实训操作过程和完成结果进行评价
5	建筑施工管理综合实训	能参与工程招投标和组织一般土建工程施工与管理	(1) 工程招标 (2) 施工组织设计与施工图预算编制 (3) 项目经理部设置 (4) 文明施工现场布置 (5) 施工进度计划编制 (6) 工程投标 (7) 施工质量验收资料的编制和汇总	文件编制与实操	根据学生对工程各种技术经济文件的编制和组织管理情况，参照《建筑工程项目管理规范》GB/T 50326规定进行评价

3.4 拓 展 实 训 项 目

3.4.1 建筑工程管理专业可根据本校专业特色自主开设建筑工程安全与文明施工方案编制实训、工料机分析实训、设计变更及签证计价实训、合同变更管理实训和施工索赔管理实训等五项实训项目。

3.4.2 建筑工程管理专业开设的拓展实训项目，宜符合表3.4.2的要求。

序号	实训名称	能力目标	实训内容	实训方式	评价要求
1	工料机分析实训	（1）能进行工料机分析 （2）会应用工料机分析结果进行材料计划	完成工料机分析报表	实操	根据实训操作过程和完成结果进行评价
2	设计变更及签证计价实训	（1）能完成设计变更工程相应计价 （2）能完成签证工程计价	1）设计变更工程计价 2）签证工程计价	实操	根据实训操作过程和完成结果进行评价
3	合同变更管理实训	能进行合同变更管理和签证管理	1）合同变更管理 2）签证管理	实操	根据实训操作过程和完成结果进行评价
4	施工索赔管理实训	（1）会编制索赔报告 （2）会提交索赔报告 （3）能进行索赔谈判	1）编制索赔报告 2）提交索赔报告 3）索赔谈判	实操	根据实训操作过程和完成结果进行评价
5	建筑工程安全管理与文明施工方案编制实训	能按照国家现行的安全和文明施工要求编制施工方案	编制一栋多层建筑的安全和文明施工方案	实操	根据国家现行的安全和文明施工要求对实训操作过程和完成结果进行评价

3.5 实训教学管理

3.5.1 各院校应将实训教学项目列入专业培养方案，所开设的实训项目应符合本导则要求。

3.5.2 每个实训项目应有独立的教学大纲和考核标准。

3.5.3 学生的实训成绩应在学生学业评价中占一定的比例，独立开设的实训项目应单独记载成绩。

4 校内实训基地

4.1 一般规定

4.1.1 校内实训基地的建设，应符合下列原则和要求：

（1）因地制宜、开拓创新，具有实用性、先进性和效益性，满足学生职业能力培养的需要；

（2）源于现场、高于现场，尽可能体现真实的职业环境，体现本专业领域新材料、新技术、新工艺、新设备；

（3）实训设备应优先选用国家标准设备。

4.1.2 各院校应根据学校区位、行业和专业特点，积极开展校企合作。探索共同建设生产性实训基地的有效途径，积极探索虚拟工艺、虚拟现场等实训新手段。

4.1.3 各院校应根据区域学校、专业以及企业布局情况，统筹规划、建设共享型实训基地，努力实现实训资源共享，发挥实训基地在实训教学、员工培训、技术研发等多方面的作用。

4.2 校内实训基地建设

4.2.1 基本实训项目的实训设备（设施）和实训室（场地）是开设本专业的基本条件，各院校应达到基本要求。

选择实训项目、拓展实训项目在校内完成时，其实训设备（设施）和实训室（场地）应符合本节要求。

4.2.2 建筑工程管理专业校内实训基地的场地最小面积、主要设备名称及数量见表4.2.2-1~表4.2.2-10。

注：本导则按照1个教学班计算实训设备（设施）。

施工图识读与绘制实训设备配置标准　　　　　　　　　　　　表 4.2.2-1

序号	实训任务	实训类别	主要实训设备（设施）名称	单位	数量	实训室（场地）面积
1	施工图识读与绘制实训	基本实训	（1）建筑施工图、结构施工图 （2）图板（50） （3）丁字尺（50） （4）三角板（50） （5）绘图桌椅（50）	套	50	不小于 120m²

建筑施工测量实训设备配置标准　　　　　　　　　　　　表 4.2.2-2

序号	实训任务	实训类别	实训设备（设施）名称	单位	数量	实训室（场地）面积
1	建筑施工测量实训	基本实训	钢尺	把	12	不小于 120m²
			水准仪	台	12	
			经纬仪	台	12	
			全站仪	台	12	
			标尺	把	24	
			激光垂准仪	把	12	

钢筋下料及混凝土配料实训设备配置标准　　　　　　　　　表 4.2.2-3

序号	实训任务	实训类别	主要实训设备(设施)名称	单位	数量	实训室(场地)面积
1	钢筋下料及混凝土配料实训	基本实训	(1) 工具式钢模板、木模板及木工机械 (2) 钢筋工作台、钢筋切断机、钢筋调直机、钢筋弯曲机、弧焊机、对焊机、电渣压力焊机、钢筋套丝机、钢筋挤压机,操作及检测工具	套(台)	6	不小于300m²
			计量设备、混凝土搅拌机、插入式混凝土振捣器、平板振动器	套	6	

建筑与装饰工程计量与计价及软件应用实训设备配置标准　　　表 4.2.2-4

序号	实训任务	实训类别	主要实训设备(设施)名称	单位	数量	实训室(场地)面积
1	建筑与装饰工程计量与计价及软件应用实训	基本实训	(1) 电脑	台	50	不小于120m²
			(2) 计价软件网络版1套(50节点)	套	1	
			(3) 激光 A4 打印机	台	4	
			(4) 1.5m×2.0m方桌10张及椅子50张			
			(5) 多媒体投影设备	套	1	

建筑工程资料编制实训设备配置标准　　　　　　　　　　表 4.2.2-5

序号	实训任务	实训类别	主要实训设备(设施)名称	单位	数量	实训室(场地)面积
1	建筑工程资料编制实训	基本实训	电脑	台	50	不小于70m²
2	建筑工程资料管理软件应用实训	选择实训	资料管理软件(网络版50个接口)	套	1	

工程招投标与合同订立实训设备配置标准　　　　　　　　表 4.2.2-6

序号	实训任务	实训类别	主要实训设备(设施)名称	单位	数量	实训室(场地)面积
1	工程招投标与合同订立实训	基本实训	电脑	台	50	不小于120m²
			大椭圆桌	套	1	
			排椅	套	1	
			投影仪、话筒	个	各1个	
			工作标牌	个	22	
			印章	个	18	
			剪刀	把	4	
			计算器	个	5	
			印章:发包人和投标人法人公章若干、发包人和投标人法定代表人印章若干枚			

建筑工程施工方案编制实训设备配置标准

表 4.2.2-7

序号	实训任务	实训类别	主要实训设备（设施）名称	单位	数量	实训室（场地）面积
1	建筑工程施工方案编制实训	基本实训	施工现场配套设施（沙盘）	套	10	不小于 200m²
			投影仪、电脑	套	1	
			桌椅、资料等	套	10	

建筑材料检测实训设备配置标准

表 4.2.2-8

序号	实训任务	实训类别	主要实训设备（设施）名称	单位	数量	实训室（场地）面积
1	建筑材料检测实训	选择实训	水泥净浆搅拌机	台	8	不小于 120m²
			水泥胶砂搅拌机	台	5	
			水泥胶砂振实台	台	4	
			电子天平	台	8	
			水泥标准稠度测定仪	台	8	
			水泥全自动压力机	台	2	
			新标准水泥跳桌	台	4	
			电动抗折试验机	台	3	
			砂浆稠度仪	台	4	
			砂浆分层度仪	台	4	
			水泥混凝土恒温恒湿养护箱	台	2	
			水泥快速养护箱	台	2	
			分样筛振摆仪	台	4	
			电热鼓风干燥箱	台	1	
			新标准砂石筛	台	8	

建筑工程质量验收实训设备配置标准

表 4.2.2-9

序号	实训任务	实训类别	主要实训设备（设施）名称	单位	数量	实训室（场地）面积
1	建筑工程质量验收实训	选择实训	具有混凝土墙、柱、梁和板等构件的样板间	间	1	不小于 300m²
			具有砖基础、砖墙、砖柱等构件的样板间	间	1	
			已完成抹灰工程及门窗安装的样板间	间	1	
			靠尺、塞尺、卷尺、钢针小锤、线锤等	套	10	

建筑施工管理综合实训设备配置标准　　　表 4.2.2-10

序号	名称	实训类别	主要实训设备（设施）	单位	数量	实训室（场地）面积
1	建筑施工管理综合实训	选择实训	施工现场项目部配套设施	套	10	不小于 200m²
			施工现场配套设施（沙盘）	套	10	
			投影仪、桌椅、资料等	套	1	

4.3　校内实训基地运行管理

4.3.1　学校应设置校内实训基地管理机构，对实践教学资源进行统一规划，有效使用。

4.3.2　校内实训基地应配备专职管理人员，负责日常管理。

4.3.3　学校应建立并不断完善校内实训基地管理制度和相关规定，使实训基地的运行科学有序，探索开放式管理模式，充分发挥校内实训基地的人才培养中的作用。

4.3.4　学校应定期对校内实训基地设备进行检查和维护，保证设备的正常安全运行。

4.3.5　学校应有足额资金的投入，保证校内实训基地的运行和设施更新。

4.3.6　学校应建立校内实训基地考核评价制度，形成完整的校内实训基地考评体系。

5　实　训　师　资

5.1　一　般　规　定

5.1.1　实训教师应履行指导实训、管理实训学生和对实训进行考核评价的职责。实训教师可以专兼职。

5.1.2　学校应建立实训教师队伍建设的制度和措施，有计划地对实训教师进行培训。

5.2　实训师资数量及结构

5.2.1　学校应依据实训教学任务、学生人数合理配置实训教师，每个实训项目不宜少于 2 人。

5.2.2　各院校应努力建设专兼结合的实训教师队伍，专兼职比例宜为 1∶1。

5.3　实训师资能力及水平

5.3.1　学校专任实训教师应熟练掌握相应实训项目的技能，宜具有工程实践经验及相关职业资格证书，具备中级（含中级）以上专业技术职务。

5.3.2　企业兼职实训教师应具备本专业理论知识和实践经验，经过教育理论培训；知道工种实训的兼职教师应具备相应专业技术等级证书，其余兼职教师应具有中级及以上专业技术职务。

附录 A 校 外 实 训

A.1 一 般 规 定

A.1.1 校外实训是学生职业能力培养的重要环节，各院校应高度重视，科学实施。

A.1.2 校外实训应以实际工程项目为依托，以实际工作岗位为载体，侧重于学生职业综合能力的培养。

A.2 校 外 实 训 基 地

A.2.1 建筑工程管理专业校外实训基地应建立在已通过 ISO 体系认证并具有国家二级及以上施工总承包资质和专业承包资质的企业。

A.2.2 校外实训基地应能提供本专业培养目标相适应的职业岗位，并宜对学生实施轮岗实训。

A.2.3 校外实训基地应具备符合学生实训的场所和设施，具备必要的学习及生活条件，并配置专业人员指导学生实训。

A.3 校 外 实 训 管 理

A.3.1 校企双方应签订协议，明确责任，建立有效的实习管理工作制度。

A.3.2 校企双方应有专门机构和专门人员对学生实训进行管理和指导。

A.3.3 校企双方应共同制订学生实训安全制度，采取相应措施保证学生实训安全，学校应为学生购买意外伤害保险。

A.3.4 校企双方应共同成立学生校外实训考核评价机构，共同制定考核评价体系，共同实施校外实训考核评价。

附录 B 本导则引用标准

《建筑工程施工质量验收统一标准》GB 50300

《建筑地基基础工程施工质量验收规范》GB 50202

《混凝土结构工程施工质量验收规范》GB 50204

《砌体结构工程施工质量验收规范》GB 50203

《钢结构工程施工质量验收规范》GB 50205

《建筑装饰装修工程质量验收规范》GB 50210

《屋面工程质量验收规范》GB 50207

《建筑施工安全检查标准》JGJ 59

《混凝土结构设计规范》GB 50010

《混凝土结构施工图平面整体表示方法制图规则和构造详图》11G101

《建筑节能工程施工质量验收规范》GB 50411

《建设工程工程量清单计价规范》GB 50500

《建设工程项目管理规范》GB/T 50326

《建筑施工组织设计规范》GB/T 50502

本导则用词说明

为了便于在执行本导则条纹时去表对待，对要求严格程度不同的用词说明如下：

1. 表示很严格，非这样做不可的用词：

正面词采用"必须"；

反面词采用"严禁"。

2. 表示严格，在正常情况下均应这样做的用词：

正面词采用"应"；

反面词采用"不应"或"不得"。

3. 表示允许稍有选择，在条件许可时首先应这样做的用词：

正面词采用"宜"或"可"；

反面词采用"不宜"。